建设行业专业人员快速上岗 100 问丛书

手把手教你当好标准员

王文睿　主　编

张乐荣　胡　静　曹晓婧
武　峰　雷济时　马振宇　副主编

何耀森　主　审

中国建筑工业出版社

图书在版编目（CIP）数据

手把手教你当好标准员/王文睿主编. —北京：
中国建筑工业出版社，2014.12
（建设行业专业人员快速上岗100问丛书）
ISBN 978-7-112-17527-7

Ⅰ.①手… Ⅱ.①王… Ⅲ.①建筑工程-标准化
管理-问题解答 Ⅳ.①TU711-44

中国版本图书馆 CIP 数据核字（2014）第 274984 号

建设行业专业人员快速上岗 100 问丛书

手把手教你当好标准员

王文睿 主 编

张乐荣 胡 静 曹晓婧
武 峰 雷济时 马振宇 副主编

何耀森 主 审

*

中国建筑工业出版社出版、发行（北京西郊百万庄）
各地新华书店、建筑书店经销
北京科地亚盟排版公司制版
北京建筑工业印刷厂印刷

*

开本：850×1168 毫米 1/32 印张：8¼ 字数：218 千字
2015 年 3 月第一版 2015 年 3 月第一次印刷
定价：23.00 元
ISBN 978 - 7 - 112 - 17527 - 7
（26753）

本书是"建设行业专业人员快速上岗100问丛书"之一。主要根据《建筑与市政工程施工现场专业人员职业标准》JGJ/T 250—2011编写。全书包括通用知识、基础知识、岗位知识、专业技能共四章24节,内容涉及建筑工程标准员工作中所需掌握的知识点和专业技能。

　　为了方便读者的学习与理解,全书采用一问一答的形式,对书中内容进行分解,共列出222道问题,逐一进行阐述,针对性和参考性强。

　　本书可供建筑企业标准员、建设单位工程项目管理人员、监理单位工程监理人员使用,也可供基层施工管理人员学习及参考。

责任编辑:范业庶　王砾瑶　万　李
责任设计:董建平
责任校对:李欣慰　党　蕾

出版说明

随着科学技术的日新月异和经济建设的高速发展，中国已成为世界最大的建设市场。近几年建设投资规模增长迅速，工程建设随处可见。

建设行业专业人员（各专业施工员、质量员、预算员，以及安全员、测量员、材料员等）作为施工现场的技术骨干，其业务水平和管理水平的高低，直接影响着工程建设项目能否有序、高效、高质量地完成。这些技术管理人员中，业务水平参差不齐，有不少是由其他岗位调职过来以及刚跨入这一行业的应届毕业生，他们迫切需要学习、培训，或是能有一些像工地老师傅般手把手实物教学的学习资料和读物。

为了满足广大建设行业专业人员入职上岗学习和培训需要，我们特组织有关专家编写了本套丛书。丛书涵盖建设行业施工现场各个专业，以国家及行业有关职业标准的要求和规定进行编写，按照一问一答的形式对专业人员的工作职责、应该掌握的专业知识、应会的专业技能、对实际工作中常见问题的处理等进行讲解，注重系统性、知识性，尤其注重实用性、指导性。在编写内容上严格遵照最新颁布的国家技术规范和行业技术规范。希望本套丛书能够帮助建设行业专业人员快速掌握专业知识，从容应对工作中的疑难问题。同时也真诚地希望各位读者对书中不足之处提出批评指正，以便我们进一步改进和完善。

中国建筑工业出版社

2014 年 12 月

前　言

本书为"建设行业专业人员快速上岗100问丛书"之一，主要为建筑工程的标准员实际工作需要编写。本书主要内容包括通用知识、基础知识、岗位知识、专业技能四章共24节，囊括了标准员工作中可能遇到和需要的绝大部分知识点和所需技能的内容。本书为了便于标准员及其他基层项目管理者学习和使用，坚持做到理论联系实际、通俗易懂、全面受用的原则，在内容选择上注重基础知识和常用知识的阐述，对标准员在工程施工管理过程中可能遇到的常见问题，采用了一问一答的方式对各题进行了简明扼要的回答。

本书将标准员的职业要求、通用知识和专业技能等有机地融为一体，尽可能做到通俗易懂，简明扼要，一目了然。本书涉及的相关专业知识均按2010年以来修订的新规范编写。

本书可供建筑工程施工企业标准员及其他相关基层管理人员、建设单位项目管理人员、工程监理单位技术人员使用，也可作为基层施工管理人员学习建筑工程施工技术和项目管理基本知识时的参考。

本书由王文睿主编，张乐荣、武峰、胡静、曹晓婧、雷济时、马振宇等担任副主编。刘淑华高级工程师对本书的编写给予了大力支持，何耀森高级工程师审阅了本书全部内容，并提出了许多宝贵的意见和建议，作者对他们表示衷心的谢意。由于我们理论水平有限，本书中存在的不足和缺漏在所难免，敬请广大标准员、施工管理人员及专家学者批评指正，以便帮助我们提高工作水平，更好地服务广大标准员和项目管理工作者。

编者
2014 年 12 月

目　录

第一章　通用知识

第一节　相关法律法规知识

第二节　工程材料的基本知识

第三节　施工图识读、绘制的基本知识

第四节　熟悉工程施工工艺和方法

第五节　熟悉工程项目管理的基本知识

第二章　基础知识

第一节　建筑构造、建筑结构、建筑设备与
市政工程的基本知识

第二节　工程质量控制、检测的基本知识

　　第三节　工程建设标准体系的基本内容和国家、行业

　　　　　　工程建设标准体系

　　第四节　施工方案、质量目标和质量保证措施编制及实施

第三章 岗位知识

第一节 标准管理相关的管理规定和标准

第二节 企业标准体系表的编制方法

第三节 工程建设标准化监督检查的基本知识

第四节　标准实施执行情况记录及分析评价

第四章　专业技能

第一节　工程项目应执行的工程建设
标准及强制性条文

第一章 通 用 知 识

第一节 相关法律法规知识

1. 从事建筑活动的施工企业应具备哪些条件？

答：根据《中华人民共和国建筑法》的规定，从事建筑活动的施工企业应具备以下条件：

（1）具有符合规定的注册资本；

（2）有与其从事建筑活动相适应的具有法定执业资格的专业技术人员；

（3）有从事相关建筑活动所应有的技术装备；

（4）法律、行政法规规定的其他条件。

2. 从事建筑活动的施工企业从业的基本要求是什么？《建筑法》对从事建筑活动的技术人员有什么要求？

答：根据《中华人民共和国建筑法》的规定，从事建筑活动的施工企业应满足下列要求：从事建筑活动的施工企业，按照其拥有的注册资本、专业技术人员、技术装备和已完成的建筑工程业绩等资质条件，划分为不同的资质等级，经资质审查合格，取得相应等级的资质证书后，方可在其资质等级许可的范围内从事建筑活动。

《建筑法》对从事建筑活动的技术人员的要求是：从事建筑活动的专业技术人员，应当依法取得相应的执业资格证书，并在执业资格证书许可的范围内从事建筑活动。

3. 建筑工程安全生产管理必须坚持的方针和制度各是什么？建筑施工企业怎样采取措施确保施工工程的安全？

答：根据《中华人民共和国建筑法》的规定，从事建筑活动的施工企业建筑工程安全生产管理必须坚持安全第一、预防为主的方针，必须建立健全安全生产的责任制和群防群治制度。

建筑施工企业在编制施工组织设计时，应当根据建筑工程的特点制定相应的安全技术措施；对专业性较强的工程建设项目，应当编制专项安全施工组织设计，并采取安全技术措施。

建筑施工企业应当在施工现场采取维护安全、防范危险、预防火灾等措施；有条件的，应当对施工现场进行封闭管理。

施工现场对毗邻的建筑物、构筑物和特殊作用环境可能造成损害的，应当采取安全防护措施。

4. 建设工程施工现场安全生产的责任主体属于哪一方？安全生产责任怎样划分？

答：建设工程施工现场安全生产的责任主体是建筑施工企业。实行施工总承包的，总承包单位为安全生产主体，施工现场的安全责任由其负责。分包单位向总承包单位负责，服从总承包单位对施工现场的安全生产管理。

5. 建设工程施工质量应符合哪些常用的工程质量标准的要求？

答：建设工程施工质量应在遵守《建筑法》中对建筑工程质量管理的规定，以及《建设工程质量管理条例》的前提下，符合相关工程建设的设计规范、施工验收规范中的具体规定和《建设工程施工合同（示范文本）》约定的相关规定，同时对于地域特色、行业特色明显的建设工程项目还应遵守地方政府、建设行政管理部门和相关行业管理部门制定的地方及行业规程和标准。

6. 建筑工程施工质量管理责任主体属于哪一方？施工企业应如何对施工质量负责？

答：《建设工程质量管理条例》明确规定，建筑工程施工质量管理责任主体为施工单位。施工单位应当建立质量责任制，确定工程项目的项目经理、技术负责人和施工管理负责人。建设工程实行总承包的，总承包单位应当对全部建设工程质量负责。总承包单位依法将建设工程分包给其他单位的，分包单位应当按照分包合同的规定对其分包工程的质量向总承包单位负责，总承包单位与分包单位对分包工程的质量承担连带责任。施工单位必须按照工程设计图纸和技术标准施工，不得擅自修改工程设计，不得偷工减料。施工单位在施工过程中发现设计文件和图纸有差错的，应当及时提出意见和建议。施工单位必须按照工程设计要求、施工技术标准和合同约定，对建筑材料、建筑构配件、设备和商品混凝土进行检验，检验应当有书面记录和专业人员签字；未经检验或检验不合格的，不得使用。施工单位必须建立、健全施工质量的检验制度，严格工序管理，做好隐蔽工程的质量检查和记录。隐蔽工程在隐蔽前，施工单位应当通知建设单位和建设工程质量监督机构。施工人员对涉及结构安全的试块、试件以及有关材料，应当在建设单位或者工程监理单位监督下现场取样，并送具有相应资质等级的质量检测单位进行检测。施工单位对施工中出现质量问题的建设工程或者竣工验收不合格的工程，应当负责返修。施工单位应当建立、健全教育培训制度，加强对职工的教育培训；未经教育培训或者考核不合格的人员不得上岗。

7. 建筑施工企业怎样采取措施保证施工工程的质量符合国家规范和工程的要求？

答：严格执行《建筑法》和《建设工程质量管理条例》中对工程质量的相关规定和要求，采取相应措施确保工程质量。做到在资质等级许可的范围内承揽工程；不转包或者违法分包工程。建立质量责任制，确定工程项目的项目经理、技术负责人和施工管理负责人。实行总承包的建设工程由总承包单位对全部建设工程质量负责，分包单位按照分包合同的约定对其分包工程的质量负责。做到按照图纸和技术标准施工；不擅自修改工程设计，不偷工减料；对施工过程中出现的质量问题或竣工验收不合格的工程项目，负责返修。准确全面理解工程项目相关设计规范和施工验收规范的规定、地方及行业法规和标准的规定；施工过程中完善工序管理，实行事先、事中管理，尽量减少事后管理，避免和杜绝返工，加强隐蔽工程验收，杜绝质量事故隐患；加强技术交底工作，督促作业人员工作目标明确、责任和义务清楚；对关键和特殊工艺、技术和工序要做好培训和上岗管理；对影响质量的技术和工艺要采取有效措施进行把关。建立健全企业内部质量管理体系，施工单位必须建立、健全施工质量的检验制度，严格工序管理，做好隐蔽工程的质量检查和记录；做到严格并在实施中做到使施工质量不低于上述规范、规程和标准的规定；按照保修书约定的工程保修范围、保修期限和保修责任等履行保修责任，确保工程质量在合同规定的期限内满足工程建设单位的使用要求。

8. 《安全生产法》对施工及生产企业为具备安全生产条件的资金投入有什么要求？

答：施工单位应当具备的安全生产条件所必需的资金投入，由生产经营单位的决策机构、主要负责人或者个人经营的投资人予以保证，并对由于安全生产所必需的资金投入不足导致的后果承担责任。

建筑施工单位新建、改建、扩建工程项目（以下统称建设项目）的安全设施，必须与主体工程同时设计、同时施工、同时投入生产和使用。安全设施投资应当纳入建设项目概算。

9. 《安全生产法》对施工生产企业安全生产管理人员的配备有哪些要求?

答：建筑施工单位应当设置安全生产管理机构或者配备专职安全生产管理人员。从业人员超过三百人的，应当设置安全生产管理机构或者配备专职安全生产管理人员；从业人员在三百人以下的，应当配备专职或者兼职的安全生产管理人员，或者委托具有国家规定的相关专业技术资格的工程技术人员提供安全生产管理服务。建筑施工单位依照前款规定委托工程技术人员提供安全生产管理服务的，保证安全生产的责任仍由本单位负责。施工单位的主要负责人和安全生产管理人员必须具备与本单位所从事的生产经营活动相应的安全生产知识和管理能力。建筑施工单位的主要负责人和安全生产管理人员，应当由有关主管部门对其安全生产知识和管理能力考核合格后方可任职。

10. 为什么施工企业应对从业人员进行安全生产教育和培训? 安全生产教育和培训包括哪些方面的内容?

答：施工单位对从业人员进行安全生产教育和培训，是为了保证从业人员具备必要的安全生产知识，能够熟悉有关的安全生产规章制度和安全操作规程，更好地掌握本岗位的安全操作技能。同时为了确保施工质量和安全生产，规定未经安全生产教育和培训合格的从业人员，不得上岗作业。

安全生产教育和培训的内容为日常安全生产常识的培训，包括安全用电、安全用气、安全使用施工机具车辆、多层和高层建筑高空作业安全培训，冬期防火培训，雨期防洪防霜培训，人身安全培训，环境安全培训等；在施工活动中采用新工艺、新技术、新材料或者使用新设备时，为了让从业人员了解、掌握其安全技术特性，应采取有效的安全防护措施，应对从业人员进行专门的安全生产教育和培训。施工中有特种作业时，对特种作业人员必须按照国家有关规定经专门的安全作业培训，在其取得特种作业操作资格证书后，方可允许上岗作业。

11.《安全生产法》对建设项目安全设施和设备作了什么规定？

答：建设项目安全设施的设计人、设计单位应当对安全设施设计负责。矿山建设项目和用于生产、储存危险物品的建设项目的安全设施设计应当按照国家有关规定报经有关部门审查，审查部门及其负责审查的人员对审查结果负责。

矿山建设项目和用于生产、储存危险物品的建设项目的施工单位必须按照批准的安全设施设计施工，并对安全设施的工程质量负责。矿山建设项目和用于生产、储存危险物品的建设项目竣工投入生产或者使用前，必须依照有关法律、行政法规的规定对安全设施进行验收；验收合格后，方可投入生产和使用。验收部门及其验收人员对验收结果负责。施工和经营单位应当在有较大危险因素的生产经营场所和有关设施、设备上，设置明显的安全警示标志。安全设备的设计、制造、安装、使用、检测、维修、改造和报废，应当符合国家标准或者行业标准。生产经营单位必须对安全设备进行经常性维护、保养，并定期检测，保证正常运转。维护、保养、检测应当做好记录，并由有关人员签字。

施工单位使用的涉及生命安全、危险性较大的特种设备，以及危险物品的容器、运输工具，必须按照国家有关规定，由专业生产单位生产，并经取得专业资质的检测、检验机构检测、检验合格，取得安全使用证或者安全标志，方可投入使用。检测、检验机构对检测、检验结果负责。国家对严重危及生产安全的工艺、设备实行淘汰制度。

12. 建筑工程施工从业人员劳动合同中关于安全的权利和义务各有哪些？

答：《中华人民共和国安全生产法》明确规定：施工单位与从业人员订立的劳动合同，应当载明有关保障从业人员劳动安全、防止职业危害的事项，以及依法为从业人员办理工伤社会保险的事项。施工单位不得以任何形式与从业人员订立协议，免除或者减轻其对从业人员因生产安全事故伤亡依法应承担的责任。施工单位的从业人员有权了解其作业场所和工作岗位存在的危险因素、防范措施及事故应急措施，有权对本单位的安全生产工作提出建议。从业人员有权对本单位安全生产工作中存在的问题提出批评、检举、控告；有权拒绝违章指挥和强令冒险作业。施工单位不得因从业人员对本单位安全生产工作提出批评、检举、控告或者拒绝违章指挥、强令冒险作业而降低其工资、福利等待遇或者解除与其订立的劳动合同。从业人员发现直接危及人身安全的紧急情况时，有权停止作业或者在采取可能的应急措施后撤离作业场所。施工单位不得因从业人员在前述紧急情况下停止作业或者采取紧急撤离措施而降低其工资、福利等待遇或者解除与其订立的劳动合同。因生产安全事故受到损害的从业人员，除依法享有工伤社会保险外，依照有关民事法律尚有获得赔偿的权利的，有权向本单位提出赔偿要求。从业人员在作业过程中，应当严格遵守本单位的安全生产规章制度和操作规程，服从管理，正确佩戴和使用劳动防护用品。从业人员应当接受安全生产教育和培训，掌握本职工作所需的安全生产知识，提高安全生产技能，增强事故预防和应急处理能力。从业人员发现事故隐患或者其他不安全因素，应当立即向现场安全生产管理人员或者本单位负责人报告；接到报告的人员应当及时予以处理。

13. 建筑工程施工企业应怎样接受负有安全生产监督管理职责的部门对自己企业的安全生产状况进行监督检查？

答：建筑工程施工企业应当依据《安全生产法》的规定，自觉接受负有安全生产监督管理职责的部门，依照有关法律、法规的规定和国家标准或者行业标准规定的安全生产条件，对本企业涉及安全生产需要审查批准的事项（包括批准、核准、许可、注册、认证、颁发证照等）进行监督检查。

建筑工程施工企业需协助和配合负有安全生产监督管理职责的部门依法对生产经营单位执行有关安全生产的法律、法规和国家标准或者行业标准的情况进行监督检查，行使以下职权：①进入生产经营单位进行检查，调阅有关资料，向有关单位和人员了解情况。②对检查中发现的安全生产违法行为，当场予以纠正或者要求限期改正；对依法应当给予行政处罚的行为，依照《安全生产法》和其他有关法律、行政法规的规定作出行政处罚决定。③对检查中发现的事故隐患，应当责令立即排除；重大事故隐患排除前或者排除过程中无法保证安全的，应当责令从危险区域内撤出作业人员，责令暂时停产停业或者停止使用；重大事故隐患排除后，经审查同意，方可恢复生产经营和使用。④对有根据认为不符合保障安全生产的国家标准或者行业标准的设施、设备、器材予以查封或者扣押，并应当在十五日内依法作出处理决定。

施工企业应当指定专人配合安全生产监督检查人员对其安全生产进行检查，对检查的时间、地点、内容、发现的问题及其处理情况作出书面记录，并由检查人员和被检查单位的负责人签字确认。施工单位对负有安全生产监督管理职责的部门的监督检查人员依法履行监督检查职责，应当予以配合，不得拒绝、阻挠。

14. 施工企业发生生产安全事故后的处理程序是什么？

答：施工单位发生生产安全事故后，事故现场有关人员应当立即报告本单位负责人。单位负责人接到事故报告后，应当迅速采取有效措施，组织抢救，防止事故扩大，减少人员伤亡和财产损失，并按照国家有关规定立即如实报告当地负有安全生产监督管理职责的部门，不得隐瞒不报、谎报或者拖延不报，不得故意破坏事故现场，毁灭有关证据。

负有安全生产监督管理职责的部门接到事故报告后，应当立即按照国家有关规定上报事故情况。负有安全生产监督管理职责的部门和有关地方人民政府对事故情况不得隐瞒不报、谎报或者拖延不报。

有关地方人民政府和负有安全生产监督管理职责的部门的负责人接到重大生产安全事故报告后，应当立即赶到事故现场，组织事故抢救。任何单位和个人都应当支持、配合事故抢救，并提供一切便利条件。

15. 安全事故的调查与处理以及事故责任认定应遵循哪些原则？

答：事故调查处理应当遵循实事求是、尊重科学的原则，及时、准确地查清事故原因，查明事故性质和责任，总结事故教训，提出整改措施。

16. 施工企业的安全责任有哪些内容？

答：《安全生产法》规定：施工单位的决策机构、主要负责人、个人经营的投资人应依照《安全生产法》的规定，保证安全生产所必需的资金投入，确保生产经营单位具备安全生产条件。施工单位的主要负责人应履行《安全生产法》规定的安全生产管理职责。

施工单位应履行下列职责：

（1）按照规定设立安全生产管理机构或者配备安全生产管理人员；

（2）危险物品的生产、经营、储存单位以及矿山、建筑施工单位的主要负责人和安全生产管理人员应按照规定经考核合格；

（3）按照《安全生产法》的规定，对从业人员进行安全生产教育和培训，或者按照《安全生产法》的规定如实告知从业人员有关的安全生产事项；

（4）特种作业人员应按照规定经专门的安全作业培训并取得特种作业操作资格证书，方能上岗作业。用于生产、储存危险物品的建设项目的施工单位应按照批准的安全设施设计施工，项目竣工投入生产或者使用前，安全设施需经验收合格；应在有较大危险因素的生产经营场所和有关设施、设备上设置明显的安全警示标志；安全设备的安装、使用、检测、改造和报废应符合国家标准或者行业标准；为从业人员提供符合国家标准或者行业标准的劳动防护用品；对安全设备进行经常性维护、保养和定期检测；不使用国家明令淘汰、禁止使用的危及生产安全的工艺、设备；特种设备以及危险物品的容器、运输工具经取得专业资质的机构检测、检验合格，取得安全使用证或者安全标志后再投入使用；进行爆破、吊装等危险作业，应安排专门管理人员进行现场安全管理。

17. 施工企业工程质量的责任和义务各有哪些内容？

答：《建筑法》和《建设工程质量管理条例》规定的施工企业的工程质量的责任和义务包括：做到在资质等级许可的范围内承揽工程；做到不允许其他单位或个人以自己单位的名义承揽工程；施工单位不得转包或者违法分包工程。施工单位对建设工程的施工质量负责。施工单位应当建立质量责任制，确定工程项目的项目经理、技术负责人和施工管理负责人。建设工程实行总承包的，总承包单位应当对全部建设工程质量负责，分包单位应当按照分包合同的约定对其分包工程的质量负责。施工单位应按照工程设计图纸和施工技术标准施工，不得擅自修改工程设计，不得偷工减料；对施工过程中出现的质量问题或竣工验收不合格的工程项目，应当负责返修。施工单位在组织施工中应当准确全面理解工程项目相关设计规范和施工验收规范的规定、地方和行业法规与标准的规定。

18. 什么是劳动合同？劳动合同的形式有哪些？怎样订立和变更劳动合同？无效劳动合同的构成条件有哪些？

答：为了确定调整劳动者各主体之间的关系，明确劳动合同双方当事人的权利和义务，确保劳动者的合法权益，构建和发展和谐稳定的劳动关系，依据相关法律、法规、用人单位和劳动者双方的意愿等所签订的确定契约称为劳动合同。

劳动合同分为固定期限劳动合同、无固定期限劳动合同和以完成一定工作任务为期限的劳动合同等。固定期限劳动合同，是指用人单位与劳动者约定终止时间的劳动合同。用人单位与劳动者协商一致，可以订立固定期限劳动合同。无固定期限劳动合同，是指用人单位与劳动者约定无确定终止时间的劳动合同。以完成一定工作任务为期限的劳动合同是指用人单位与劳动者约定以某项工作的完成为合同期限的劳动合同。

用人单位与劳动者协商一致，并经用人单位与劳动者在劳动合同文本上签字或者盖章后生效。用人单位与劳动者协商一致，可以变更劳动合同约定的内容，变更劳动合同应当采用书面的形式。订立的劳动合同和变更后的劳动合同文本由用人单位和劳动者各执一份。

无效劳动合同，是指当事人签订成立的而国家不予承认其法律效力的合同。劳动合同无效或者部分无效的情形有：

（1）以欺诈、胁迫手段或者乘人之危，使对方在违背真实意思的情况下订立或者变更劳动合同的；

（2）用人单位免除自己的法定责任、排除劳动者权利的；

（3）违反法律、行政法规强制性规定的。

对于劳动合同无效或部分无效有争议的，由劳动争议仲裁机构或者人民法院确定。

19. 怎样解除劳动合同？

答：有下列情形之一者，依照劳动合同法规定的条件、程序，劳动者可以与用人单位解除劳动合同关系：

（1）用人单位与劳动者协商一致的；

（2）劳动者提前 30 日以书面形式通知用人单位的；

（3）劳动者在试用期内提前三日通知用人单位的；

（4）用人单位未按照劳动合同约定提供劳动保护或者劳动条

件的；

（5）用人单位未及时足额支付劳动报酬的；

（6）用人单位未依法为劳动者缴纳社会保险的；

（7）用人单位的规章制度违反法律、法规的规定，损害劳动者利益的；

（8）用人单位以欺诈、胁迫手段或者乘人之危，使劳动者在违背真实意思的情况下订立或变更劳动合同的；

（9）用人单位在劳动合同中免除自己的法定责任、排除劳动者权利的；

（10）用人单位违反法律、行政法规强制性规定的；

（11）用人单位以暴力威胁或者非法限制人身自由的手段强迫劳动者劳动的；

（12）用人单位违章指挥、强令冒险作业危及劳动者人身安全的；

（13）法律行政法规规定劳动者可以解除劳动合同的其他情形。

有下列情形之一者，依照劳动合同法规定的条件、程序，用人单位可以与劳动者解除劳动合同关系：

（1）用人单位与劳动者协商一致的；

（2）劳动者在试用期间被证明不符合录用条件的；

（3）劳动者严重违反用人单位的规章制度的；

（4）劳动者严重失职，营私舞弊，给用人单位造成重大损失的；

（5）劳动者与其他单位建立劳动关系，对完成本单位的工作任务造成严重影响，或者经用人单位提出，拒不改正的；

（6）劳动者以欺诈、胁迫手段或者乘人之危，使用人单位在违背真实意思的情况下订立或变更劳动合同的；

（7）劳动者被依法追究刑事责任的；

（8）劳动者患病或者因工负伤不能从事原工作，也不能从事由用人单位另行安排的工作的；

（9）劳动者不能胜任工作，经培训或者调整工作岗位，仍不能胜任工作的；

（10）劳动合同订立所依据的客观情况发生重大变化，致使劳动合同无法履行，经用人单位与劳动者协商，未能就变更劳动合同内容达成协议的；

（11）用人单位依照企业破产法规定进行重整的；

（12）用人单位生产经营发生严重困难的；

（13）企业转产、重大技术革新或者经营方式调整，经变更劳动合同后，仍需裁减人员的；

（14）其他因劳动合同订立时所依据的客观情况发生重大变化，致使劳动合同无法履行的。

20. 什么是集体合同？集体合同的效力有哪些？集体合同的内容和订立程序各有哪些内容？

答：企业职工一方与企业就劳动报酬、工作时间、休息休假、劳动安全卫生、保险福利等事项，签订的合同称为集体合同。集体合同草案应当提交职工代表大会或者全体职工讨论通过。集体合同由工会代表职工与企业签订；没有建立工会的企业，由职工推举的代表与企业签订。集体合同签订后应当报送劳动行政部门；劳动行政部门自收到集体合同文本之日起十五日内未提出异议的，集体合同即行生效。

依法订立的集体合同对用人单位和劳动者具有约束力。行业性、区域性集体合同对当地本行业、本区域的用人单位和劳动者具有约束力。依法订立的集体合同对企业和企业全体职工具有约束力。职工个人与企业订立的劳动合同中劳动条件和劳动报酬等标准不得低于集体合同的规定。集体合同中规定的劳动报酬和劳动条件不得低于当地人民政府规定的最低标准。

21. 《劳动法》对劳动卫生作了哪些规定？

答：用人单位必须建立、健全劳动安全卫生制度，严格执行国家劳动安全卫生规程和标准，对劳动者进行劳动安全卫生教育，防止劳动过程中的事故，减少职业危害。劳动安全卫生设施必须符合国家规定的标准。新建、改建、扩建工程的劳动安全卫生设施必须与主体工程同时设计、同时施工、同时投入生产和使用。用人单位必须为劳动者提供符合国家规定的劳动安全卫生条件和必要的劳动防护用品，对从事有职业危害作业的劳动者应当定期进行健康检查。

22. 标准员岗位职责有哪些?

答：在建筑与市政工程施工现场，从事工程建设标准实施组织、监督、效果评价等工作的专业人员称为标准员，其岗位职责如下：

（1）参与企业标准体系表的编制。

（2）负责确定工程项目应执行的工程建设标准，编列标准强制性条文，并配置标准有效版本。

（3）参与制定质量安全技术标准落实措施及管理制度。

（4）负责组织工程建设标准的宣传和培训。

（5）参与施工图会审，确认执行标准的有效性。

（6）参与编制施工组织设计、专项施工方案、施工质量计划、职业健康安全与环境计划，确认执行标准的有效性。

（7）负责建设标准实施交底。

（8）负责跟踪、验证施工过程标准执行情况，纠正执行标准中的偏差，重大问题提交企业标准化委员会。

（9）参与工程质量、安全事故调查，分析标准执行中的问题。

（10）负责汇总标准执行确认资料、记录工程项目执行标准的情况，并进行评价。

（11）负责收集对工程建设标准的意见、建议，并提交企业标准化委员会。

（12）负责工程建设标准实施的信息管理。

23. 标准员专业技能包括哪些内容？

答：（1）能够组织确定工程项目应执行的工程建设标准及强制性条文。

（2）能够参与制定工程建设标准贯彻落实的计划方案。

（3）能够组织施工现场工程建设标准的宣传和培训。

（4）能够识读施工图。

（5）能够对不符合工程建设标准的施工作业提出改进措施。

（6）能够处理施工作业过程中工程建设标准实施的信息。

（7）能够根据质量、安全事故原因，参与分析标准执行中的问题。

（8）能够记录和分析工程建设标准实施情况。

（9）能够对工程建设标准实施情况进行评价。

（10）能够收集、整理、分析对工程建设标准的意见，并提出建议。

（11）能够使用工程建设标准实施信息系统。

24. 标准员专业知识包括哪些内容？

答：（1）熟悉国家工程建设相关法律法规。

（2）熟悉工程材料的基本知识。

（3）掌握施工图绘制、识读的基本知识。

（4）熟悉工程施工工艺和方法。

（5）了解工程项目管理的基本知识。

（6）掌握建筑结构、建筑构造、建筑设备的基本知识。

（7）熟悉工程质量控制、检测分析的基本知识。

（8）熟悉工程建设标准体系的基本内容和国家、行业工程建设标准化管理体系。

（9）了解施工方案、质量目标和质量保证措施编制及实施的基本知识。

（10）掌握与本岗位相关的标准和管理规定。

（11）了解企业标准体系表的编制方法。

（12）熟悉工程建设标准实施进行监督检查和工程检测的基本知识。

（13）掌握标准实施执行情况记录及分析评价的方法。

第二节　工程材料的基本知识

1. 无机胶凝材料是怎样分类的？它们的特性各有哪些？

答：（1）胶凝材料及其分类

胶凝材料就是把块状、颗粒状或纤维状材料粘结为整体的材料。无机胶凝材料也称为矿物胶凝材料，其主要成分是无机化合物，如水泥、石膏、石灰等均属于无机胶凝材料。

（2）胶凝材料的特性

根据硬化条件的不同，无机胶凝材料分为气硬性胶凝材料（如石灰、石膏、水玻璃）和水硬性胶凝材料（如水泥）两类。气硬性胶凝材料只能在空气中凝结、硬化、保持和发展强度，通常适用于干燥环境，在潮湿环境和水中不能使用。水硬性胶凝材料既能在空气中硬化，也能在水中凝结、硬化、保持和发展强度，既适用于干燥环境，也适用于潮湿环境和水中。

2. 水泥怎样分类？通用水泥分哪几个品种？它们各自主要技术性能有哪些？

答：（1）水泥及其品种分类

水泥是一种加水拌合成塑性浆体，通过水化逐渐固结、硬化，能够胶结砂、石等固体材料，并能在空气和水中硬化的粉状水硬性胶凝材料。水泥的品种可按以下两种方法分类。

1）按矿物组成分类。可分为硅酸盐水泥、铝酸盐水泥、硫铝酸盐水泥，氟铝酸盐水泥、铁铝酸盐水泥以及少熟料或无熟料水泥等。

2）按其用途和性能可分为通用水泥、专用水泥和特种水泥三大类。

（2）建筑工程常用水泥的品种

用于一般建筑工程的水泥为通用水泥，它包括硅酸盐水泥、普通硅酸盐水泥、矿渣硅酸盐水泥、火山灰质硅酸盐水泥、粉煤灰硅酸盐水泥、复合硅酸盐水泥等。

（3）建筑工程常用水泥的主要技术性能

建筑工程常用水泥的主要技术性能包括细度、标准稠度及其用水量、凝结时间、体积安定性、水泥强度、水化热等。

1）细度。细度是指水泥颗粒粗细的长度。它是影响水泥需水量、凝结时间、强度和安定性能的重要指标。颗粒越细，与水反应的表面积就越大，水化反应的速度就越快，水泥石的早期强度就越高，但硬化体的收缩也愈大，且水泥储运过程中易受潮而降低活性。因此，水泥的细度应适当。

2）标准稠度及其用水量。在测定水泥凝结时间、体积安定性等性能时，为使所测结果有准确的可比性，规定在试验时所用的水泥浆必须按规范的规定以标准方法测试，并达到统一规定的浆体可塑性（标准稠度）。水泥浆体标准稠度用水量，是指拌制水泥浆时为达到标准稠度所需的加水量，它以水与水泥质量之比的百分数表示。

3）凝结时间。水泥从加水开始到失去流动性所需的时间称为凝结时间，分为初凝时间和终凝时间。初凝时间为水泥从加水拌和起到水泥浆开始失去可塑性所需的时间；终凝时间是指水泥从加水拌和起到水泥浆完全失去可塑性，并开始产生强度所需要的时间。水泥的凝结时间对施工具有较大的意义。初凝时间过短，施工时没有足够的时间完成混凝土或砂浆的搅拌、运输、浇捣和砌筑等操作；水泥的终凝时间过迟，则会拖延施工工期。国家标准规定硅酸盐水泥的初凝时间不得早于 45min，终凝时间不得迟于 6.5h，其他品种通用水泥初凝时间都是 45min，但终凝时间为 10h。

4）体积安定性。它是指水泥浆硬化后体积变化的稳定性。

安定性不良的水泥，在浆体硬化过程中或硬化后产生不均匀体积膨胀，并引起开裂。水泥安定性不良的主要因素是熟料中含有过量的游离氧化钙、游离氧化镁或研磨时掺入的石膏过多。国家标准规定水泥熟料中游离氧化镁的含量不得超过 5.0%，三氧化硫的含量不得超过 3.5%，体积安定性不合格的水泥为废品，不能用于工程。

5）水泥强度。水泥强度与水泥的矿物组成、水泥细度、水灰比大小、水化龄期和环境温度等密切相关。水泥强度按国家标准《水泥胶砂强度检验方法》GB/T 17671 的规定制作试块、养护并测定其抗压强度和抗折强度值，并据此评定水泥的强度等级。

6）水化热。水泥水化放出的热量以及放热速度，主要取决于水泥矿物组成和细度。熟料矿物质铝酸三钙和硅酸三钙含量越高，颗粒越细，则水化热越大。水化热越大对冬期施工越有利，但对大体积混凝土工程是有害的。为了避免温度应力引起水泥石开裂，在大体积混凝土工程施工中，不宜采用硅酸盐水泥，而应采用水化热低的矿渣水泥等，水化热的测定可按国家标准规定的方法测定。

3. 普通混凝土是怎样分类的？

答：混凝土是以胶凝材料、粗细骨料及其他外掺材料按适当比例搅拌、成型、养护、硬化而成的人工石材。通常将以水泥、矿物掺合材料、粗细骨料、水和外加剂按一定比例配置而成的、干表观密度为 2000～2800kg/m³ 的混凝土称为普通混凝土。

普通混凝土的分类。

（1）按用途分。可分为结构混凝土、抗渗混凝土、抗冻混凝土、大体积混凝土、水工混凝土、耐热混凝土、耐酸混凝土、装饰混凝土等。

（2）按强度等级分。可分为普通混凝土，强度等级高于 C60 的高强度混凝土以及强度等级高于 C100 的超高强度混凝土。

（3）按施工工艺分。可分为喷射混凝土、泵送混凝土、碾压混凝土、压力灌浆混凝土、离心混凝土、真空脱水混凝土。

4. 混凝土拌合物的主要技术性能有哪些？

答：混凝土中各种组成材料按比例配合经搅拌形成的混合物称为混凝土的拌合物，又称新拌混凝土。混凝土拌合物易于各工序的施工操作（搅拌、运输、浇筑、振捣、成型等），并获得质量稳定、整体均匀、成型密实的混凝土性能，称为混凝土拌合物的和易性。和易性是满足施工工艺要求的综合性质，包括流动性、黏聚性和保水性。

流动性是指混凝土拌合物在自重或机械振动时能够产生流动的性质。流动性的大小反映了混凝土拌合物的稀稠程度，流动性良好的拌合物，易于浇筑、振捣和成型。

黏聚性是指混凝土组成材料间具有一定的凝聚力，在施工过程中混凝土能够保持整体均匀的性能，黏聚性反映了混凝土拌合物的均匀性，黏聚性良好的拌合物易于施工操作，不会产生分层和离析的现象。黏聚性差时，会造成混凝土质地不均匀，振捣后易出现蜂窝、空洞等现象。

保水性是指混凝土拌合物在施工过程中具有一定的保持内部水分而抵抗泌水的能力。保水性反映了混凝土拌合物的稳定性。保水性差的混凝土拌合物在混凝土内形成通水通道，影响混凝土的密实性，并降低混凝土的强度和耐久性。

流动性是反映和易性的主要指标，流动性常用坍落度法测定，坍落度数值越大，表明混凝土拌合物流动性大，根据坍落度值的大小，可以将混凝土分为四级：大流动性混凝土（坍落度大于 160mm）、流动性混凝土（坍落度 100～150mm）、塑性混凝土（坍落度 10～90mm）和干硬性混凝土（坍落度小于 10mm）。

5. 硬化后混凝土的强度有哪几种？

答：根据国家标准《混凝土结构设计规范》GB 50010—2010 的规定，混凝土强度等级按立方体抗压强度标准值确定，混凝土强度包括立方体抗压强度标准值，轴心抗压强度和轴心抗拉强度。

（1）混凝土立方体抗压强度

《混凝土结构设计规范》GB 50010—2010 规定：混凝土的立方体抗压强度标准值是指，在标准状况下制作养护边长为 150mm 立方体试块，用标准方法测得的 28d 龄期时，具有 95% 保证概率的强度值，单位是 N/mm^2。我国现行《混凝土结构设计规范》GB 50010—2010 规定混凝土强度等级有 C15、C20、C25、C30、C35、C40、C45、C50、C55、C60、C65、C70、C75、C80 共 14 级，其中 C 代表混凝土，C 后面的数字代表立方体抗压标准强度值，单位是 N/mm^2，用符号 $f_{cu,k}$ 表示。《混凝土结构设计规范》GB 50010—2010 同时允许，对近年来使用量明显增加的粉煤灰等矿物混凝土，确定其立方体抗压强度标准值 $f_{cu,k}$ 时，龄期不受 28d 的限制，可以由设计者根据具体情况适当延长。

（2）混凝土轴心抗压强度

实验证明，立方体抗压强度不能代表以受压为主的结构构件中混凝土的强度。通过用同批次混凝土在同一条件下制作养护的棱柱体试件和短柱在轴心力作用下受压性能的对比试验，可以看出高宽比超过 3 以后的混凝土棱柱体中的混凝土抗压强度和以受压为主的钢筋混凝土构件中的混凝土抗压强度是一致的。因此《混凝土结构设计规范》GB 50010—2010 规定用高宽比为 3～4 的混凝土棱柱体试件测得的混凝土的抗压强度，作为混凝土的轴心抗压强度（棱柱体抗压强度），用符号 f_{ck} 表示。

（3）混凝土的抗拉强度

常用的混凝土轴心抗拉强度测定方法是拔出试验或劈裂试

验。相比之下拔出试验更为简单易行。拔出试验采用 100mm×100mm×500mm 的棱柱体，在试件两端轴心位置预埋 ⊈16 或 ⊈18 HRB335 级钢筋，埋入深度为 150mm，在标准状况下养护 28d 龄期后可测试其抗拉强度，用符号 f_{tk} 表示。

6. 混凝土的耐久性包括哪些内容？

答：混凝土抵抗自身因素和环境因素的长期破坏，保持其原有性能的能力，称为耐久性。混凝土的耐久性主要包括抗渗性、抗冻性、抗腐性、抗碳化、抗碱-骨料反应等方面。

（1）抗渗性

混凝土抵抗压力液体（水或油）等渗透体的能力称为抗渗性。混凝土抗渗性用抗渗等级表示。抗渗等级是以 28 天龄期的标准试件，用标准方法进行试验，以每组六个试件，四个试件出现渗水时，所能承受的最大静压力（单位为 MPa）来确定。混凝土的抗渗等级用代号 P 表示，分为 P4、P6、P8、P10、P12 和＞P12 六个等级。P4 表示混凝土抵抗 0.4MPa 的液体压力而不渗水。

（2）抗冻性

混凝土在吸水饱和状态下，抵抗多次反复冻融循环而不破坏，同时也不严重降低其各种性能的能力，称为抗冻性。混凝土抗冻性用抗冻等级表示。抗冻等级是以 28d 龄期的标准试件，在浸水饱和状态下，进行冻融循环试验，以抗压强度损失不超过 25％，同时，质量损失不超过 5％时，所承受的最大冻融循环次数来确定。混凝土的抗渗等级用 F 表示，分为 F50、F100、F150、F200、F250、F300、F350、F400 和＞F400 九个等级。F200 表示混凝土在强度损失不超过 25％，质量损失不超过 5％时，所能承受的最大冻融循环次数为 200。

（3）抗腐性

混凝土在外界各种侵蚀介质作用下，抵抗破坏的能力，称为混凝土的抗腐蚀性。当工程所处环境存在侵蚀性介质时，对混凝土必须提出耐腐性要求。

7. 什么是混凝土的徐变？它对混凝土的性能有什么影响？徐变产生的原因是什么？

答：（1）混凝土的徐变

构件在长期不变的荷载作用下，应变随时间增长具有持续增长的特性，混凝土这种受力变形称为徐变。

（2）混凝土的徐变对构件的影响

徐变对混凝土结构构件的变形和承载能力会产生明显的不利影响，在预应力混凝土构件中会造成预应力损失。这些影响对结构构件的受力和变形是有危害的，因此在设计和施工过程中要尽可能采取措施降低混凝土的徐变。

（3）徐变产生的原因

徐变产生的原因主要包括以下两个方面：

1）混凝土内的水泥凝胶在压应力作用下具有缓慢黏性流动的性质，这种黏性流动变形需要较长的时间才能逐渐完成。在这个变形过程中凝胶体会把它承受的压力转嫁给骨料，从而使黏流变形逐渐减弱直到结束。当卸去荷载后，骨料受到的压力会逐步回传给凝胶体，因此，一部分徐变变形能够恢复。

2）当试件受到较高压应力作用时，混凝土内的微裂缝会不断增加和延长，助长了徐变的产生。压应力越高，这种因素的影响在总徐变中占的比例就越高。

上述对徐变产生的因素归纳起来有以下几点：

1）混凝土内在的材性方面的影响

① 水泥用量越多，凝胶体在混凝土内占的比例就越高，由于水泥凝胶体的黏弹性造成的徐变就越大；降低这个因素产生徐变的措施是，在保证混凝土强度等级的前提下，严格控制水泥用量，不要超过规定随意加大混凝土中水泥的用量。

② 水灰比越高，混凝土凝结硬化后残留在其内部的工艺水就越多，由于它的挥发和不断逸出产生的空隙就越多，徐变就会

越大。减少这个因素产生的徐变措施是，在保证混凝土流动性的前提下，严格控制用水量，减低水灰比和多余的工艺水。

③ 骨料级配越好，徐变越小。骨料级配越好，骨料在混凝土体内占的体积越多，水泥凝胶体就越少，凝胶体向结晶体转化时体积的缩小量就少，压应力从凝胶体向骨料的内力转移就少，徐变就少。减少这种因素引起的徐变，主要措施是选择级配良好的骨料。

④ 骨料的弹性模量越高，徐变越小。这是因为骨料越坚硬，在凝胶体向其转化内力时骨料的变形就小，徐变也就会减小。减少这种因素引起徐变的主要措施是选择坚硬的骨料。

2）混凝土养护和工作环境条件的影响

① 混凝土制作养护和工作环境的温度正常、湿度高，徐变小；反之，温度高、湿度低，徐变大。在实际工程施工中混凝土养护时的环境温度一般难以调控，在常温下充分保证湿度，徐变就会降低。

② 构件的体积和面积的比小（即表面面积相对较大）的构件，混凝土内部水分散发较快，混凝土内水泥颗粒早期的水解不充分，凝胶体的产生和其变为结晶体的过程不充分，徐变就大。

③ 混凝土加荷龄期越长，其内部结晶体的量越多，凝结硬化越充分，徐变就越小。

④ 构件截面受到长期不变应力作用时的压应力越大，徐变越大。在压应力小于 $0.5f_c$ 范围内，压应力和徐变呈线性关系，这种关系成为线性徐变；在 $(0.55\sim0.6)f_c$ 时，随时间延长徐变和时间关系曲线是收敛曲线，即会朝某个固定值靠近，但收敛性随应力的增高越来越差。当压应力超过 $0.8f_c$ 时，徐变时间曲线就成为发散性曲线了，徐变的增长最终将会导致混凝土压碎。这是因为在较高应力作用下混凝土中的微裂缝已经处于不稳定状态。长期较高压应力的作用将促使这些微裂缝进一步发展，最终导致混凝土被压碎。这种情况下混凝土压碎时的压应力低于一次短期加荷时的轴心抗压强度。

由此可知徐变会降低混凝土的强度。因为，加荷速度越慢，荷载作用下徐变发展的越充分，相应我们测出的混凝土抗压强度也就越低。这和前面所述的加荷速度越慢测出的混凝土强度越低是同一个物理现象的两种不同表现形式。

8. 什么是混凝土的收缩？

答：混凝土在空气中凝结硬化的过程中，体积会随时间的推移不断缩小，这种现象称为混凝土的收缩。相反，在水中结硬的混凝土其体积会略有增加，这种现象称为混凝土的膨胀。

混凝土的收缩包括失去水分的干缩，它是在混凝土凝结硬化过程中内部水分散失引起的，一般认为这种收缩是可逆的，构件吸水后绝大部分会恢复。混凝土体内由于水泥凝胶体转化为结晶体的过程造成的体积收缩叫做凝缩，这种收缩是不可逆的变化，凝胶体结硬变为结晶体时吸水后不会逆向还原为具有黏弹性的凝胶体。

影响混凝土干缩的因素包括以下几个方面。

（1）水灰比越大，收缩越大。因此，在保证混凝土和易性和流动性的情况下，尽可能降低水灰比。

（2）养护和使用环境的湿度大，温度较低时水分散失的少，收缩就小。同等条件下加强养护提高养护环境的湿度是降低收缩的有效措施。

（3）体表比小，构件表面积相对越大，水分散失就越快，收缩就大。

影响凝缩的因素包括以下几个方面。

（1）水泥用量多、强度高时收缩大。这是由于凝胶体份量多，转化成结晶体多，收缩就大。因此，在保证混凝土强度等级的前提下，要严格控制水泥用量，选择强度等级合适的水泥。

（2）骨料级配越好，密度就越大，混凝土的弹性模量就越高，对凝胶体的收缩就会起到制约作用，故收缩就小。混凝土配合比设计和骨料选用时，合理的级配对降低混凝土的收缩作用明显。

混凝土的收缩有些影响因素和混凝土徐变相似，但二者截然不同，徐变是受力变形，而收缩是体积变形，收缩和外力无关，这是二者的根本性区别。

9. 普通混凝土的组成材料有几种？它们各自的主要技术性能有哪些？

答：普通混凝土的组成材料有水泥、砂子、石子、水、外加剂或掺合料。前四种是组成混凝土的基本材料，后两种材料可根据混凝土性能的需要有选择地添加。

（1）水泥

水泥是混凝土中最主要的材料，也是成本最高的材料，它也是决定混凝土强度和耐久性能的关键材料。水泥品种的选用，一般普通混凝土可用硅酸盐水泥、普通硅酸盐水泥、矿渣硅酸盐水泥、火山灰质硅酸盐水泥及粉煤灰硅酸盐水泥，复合硅酸盐水泥等通用水泥。

水泥强度等级的选择应根据混凝土强度等级的要求来确定，低强度混凝土应选择低强度等级的水泥。一般情况下对于强度等级低于 C30 的中、低强度混凝土，水泥强度等级为混凝土强度等级的 1.5～2.0 倍；高强混凝土，水泥强度等级与混凝土强度等级之比可小于 1.5，但不能低于 0.8。

（2）细骨料

细骨料是指公称直径小于 5mm 的岩石颗粒，也就是通常所称的砂。根据其生产来源不同可分为天然砂（河砂、湖砂、海砂和山砂）、人工砂和混合砂。混合砂是人工砂与天然砂按一定比例组合而成的砂。

配置混凝土的砂要求清洁不含杂质，国家标准对砂中的云母、轻物质、硫化物及硫化盐、有机物、氯化物等各种有害物含量以及海砂中的贝壳含量作了规定。含泥量是指天然砂中公称粒径小于 $80\mu m$ 的颗粒含量。泥块含量是指砂中公称粒径大于 1.25mm，经水浸洗，手捏后变成小于 $630\mu m$ 的颗粒含量。有关国家标准和行业标准都对含泥量、泥块含量、石粉含量作了限定。砂在自然风化和其他外界物理、化学因素作用下，抵抗破坏的能力称为其坚固性。天然砂的坚固性用硫酸钠溶液法检验，砂样经 5 次循环后其质量损失应符合国家标准的规定。砂的表观密度大于 $2500kg/m^3$，松散砂堆积密度大于 $1350kg/m^3$，空隙率小于 47%。砂的粗细程度和颗粒级配应符合规定要求。

（3）粗骨料

粗骨料是指公称直径大于 5mm 的岩石颗粒，通常称为石子。天然形成的石子称为卵石，人工破碎而成的石子称为碎石。

粗骨料中泥、泥块含量以及硫化物、硫酸盐含量、有机物等有害物质的含量应符合国家标准规定。卵石及碎石形状以接近卵形或立方体为较好。针状和片状的颗粒自身强度低，而其空隙大，影响混凝土的强度，因此，国家标准中对以上两种颗粒含量作了规定。为了保证混凝土的强度，粗骨料必须具有足够的强度，粗骨料的强度指标包括岩石抗压强度、碎石抗压强度两种。国家标准同时对粗骨料的坚固性也作了规定，坚固性是指卵石及碎石在自然风化和物理、化学作用下抵抗破裂的能力，有抗冻性要求的混凝土所用粗骨料，要求测定其坚固性。

（4）水

混凝土用水包括混凝土拌合用水和养护用水。混凝土用水应优先选用符合国家标准的饮用水，混凝土用水中各种杂质的含量应符合国家有关标准的规定。

10. 轻混凝土的特性有哪些？

答：轻混凝土是指干表观密度小于 $2000kg/m^3$ 的混凝土，包括轻骨料混凝土、多孔混凝土和大孔混凝土。

用轻粗骨料（堆积密度小于 $1000kg/m^3$）和轻细骨料（堆积密度小于 $1200kg/m^3$）或者普通砂与水泥拌制而成的混凝土，其表观密度不大于 $1950kg/m^3$，称为轻骨料混凝土。分为由轻粗骨料和轻细骨料组成的全轻混凝土及细骨料为普通砂和轻粗骨料的砂轻混凝土。

轻骨料混凝土可以用浮石、陶粒、煤渣、膨胀珍珠岩等轻骨料制成。多孔混凝土以水泥、混合料、水及适量的发泡剂（铝粉等）或泡沫剂为原料制成，是一种内部均匀分布细小气孔而无骨料的混凝土。大孔混凝土是以粒径相似的粗骨料、水泥、水配制而成，有时加入外加剂。

轻混凝土的主要特性包括：表观密度小；保温性能好；耐火性能好；力学性能好；易于加工等。轻混凝土主要用于非承重墙的墙体及保温隔声材料。轻骨料混凝土还可以用于承重结构，以达到减轻自重的目的。

11. 高性能混凝土的特性有哪些？用途是什么？

答：高性能混凝土是指具有高耐久性和良好的工作性能，早期强度高而后期强度不倒缩，体积稳定性好的混凝土。它的特征包括：具有一定的强度和高抗渗能力；具有良好的工作性能；耐久性好；具有较高的体积稳定性。

高性能混凝土是普通水泥混凝土的发展方向之一，它被广泛用于桥梁、高层建筑、工业厂房结构、港口及海洋工程、水工结构等工程中。

12. 预拌混凝土的特性有哪些？

答：预拌混凝土也称为商品混凝土，是指由水泥、骨料、水以及根据需要掺入的外加剂、矿物掺合料等组分按一定的比例，在搅拌站经计量、拌制后出售的并采用运输车，在规定时间内运至使用地点的混凝土拌合物。

预拌混凝土设备利用率高、计量准确、产品质量高、材料消耗少，工效高、成本较低，又能改善劳动条件，减少环境污染。

13. 常用混凝土外加剂有多少种类？

答：（1）按照主要功能分

混凝土外加剂按照主要功能，可分为高性能减水剂、高效减水剂、普通减水剂、引气减水剂、泵送剂、早强剂、缓凝剂、引气剂。

（2）按照使用功能分

外加剂按其使用功能分可为四类：①改善混凝土流变性的外加剂，包括减水剂、泵送剂；②调节混凝土凝结时间、硬化性能的外加剂，包括缓凝剂、速凝剂、早强剂等；③改善混凝土耐久性的外加剂，包括引气剂、防水剂、阻锈剂和矿物外加剂等；④改善混凝土其他性能的外加剂，包括加气剂、膨胀剂、防冻剂及着色剂。

14. 常用混凝土外加剂的品种及应用有哪些内容？

答：（1）减水剂

减水剂是一种使用最广泛、品种最大的一种外加剂，按其用途不同，进一步可以分为普通减水剂、高效减水剂、早强减水剂、缓凝减水剂、缓凝高效减水剂、引气减水剂等。

（2）早强剂

早强剂是加速水泥水化和硬化，促进混凝土早期强度增长的外加剂。可缩短混凝土养护龄期，加快施工进度，提高模板和场地周转率。常用的早强剂有氯盐类、硫酸盐类和有机胺类。

1）氯盐类早强剂。它主要有氯化钙、氯化钠，其中氯化钙是国内外使用最广的一种早强剂。为了抑制氯化钙对钢筋的腐蚀作用，常将氯化钙与阻锈剂硝酸钠复合使用。

2）硫酸盐类早强剂。它包括硫酸钠、硫代酸钠、硫酸钾、硫酸铝等，其中硫酸钠使用最广。

3）有机胺类早强剂。它包括三乙醇胺，三异丙醇胺等，前者常用。

4）复合早强剂。以上三类早强剂在使用时，通常复合使用。复合早强剂往往比单组分早强剂具有更优良的早强效果，掺量也可以比单组分早强剂有所降低。

（3）缓凝剂

缓凝剂是可以在较长时间内保持混凝土工作性，延缓混凝土凝结和硬化时间的外加剂。它分为无机和有机两大类。它的品种有糖类，木质素硫磺盐类，羟基羟酸及其盐类，无机盐类。

缓凝剂适用于较长时间运输的混凝土、高温季节施工的混凝土、泵送混凝土、滑模施工混凝土、大体积混凝土、分层浇筑的混凝土，不适用 5℃ 以下施工的混凝土，也不适用于有早强要求的混凝土及蒸汽养护的混凝土。

（4）引气剂

引气剂是一种在搅拌过程中具有在砂浆或混凝土中引入大量、均匀分布的气泡，而且在硬化后能保留在其中的一种外加剂。加入引气剂可以改善混凝土拌合物的和易性，显著提高混凝土的抗冻性能和抗渗性能，但会降低混凝土的弹性模量和强度。

引气剂有松香树脂类，烷基苯硫磺盐类和脂醇磺酸盐类，其中松香树脂中的松香热聚物和松香皂应用最多。

引气剂适用于配制抗冻混凝土，泵送混凝土，港口混凝土，防水混凝土以及骨料质量差、泌水严重的混凝土，不适宜配制蒸汽养护的混凝土。

（5）膨胀剂

膨胀剂是一种使混凝土体积产生膨胀的外加剂。常用的膨胀剂种类有硫铝酸钙类、氧化钙类、硫铝酸—氧化钙类等。

（6）防冻剂

防冻剂是能使混凝土在温度为零下时硬化并能在规定条件下达到预期性能的外加剂。常用防冻剂有氯盐类（氯化钙、氯化钠、氯化氮等）；氯盐阻锈类：氯盐与阻锈剂（亚硝酸钠）为主的复合外加剂；无氯盐类（硝酸盐、亚硝酸盐、乙钠盐、尿素等）。

（7）泵送剂

泵送剂是改善混凝土泵送性能的外加剂。它由减水剂、缓凝剂、引气剂、润滑剂等多种组分复合而成。

（8）速凝剂

速凝剂是使混凝土迅速凝结和硬化的外加剂，能使混凝土在 5min 内初凝，10min 内终凝，1h 内产生强度。速凝剂主要用于喷射混凝土、堵漏等。

15. 砂浆分为哪几类？它们各自的特性各有哪些？砌筑砂浆组成材料及其主要技术要求包括哪些内容？

答：砂浆是由胶凝材料水泥和石灰、细骨料砂子加水拌合而成的，特殊情况下根据需要掺入掺塑性合料和外加剂，按照一定的比例混合后搅拌而成。砂浆的作用是将砌体中的块材粘结成整体共同工作；同时，砂浆平整地填充在块材表面能使块材和整个砌体受力均匀；由于砂浆填满块材间的缝隙，也同时提高了砌体的隔热、保温、隔音、防潮和防冻性能。

（1）水泥砂浆

水泥砂浆是指不掺加任何其他塑性掺合料的纯水泥砂浆。其强度高、耐久性好、适用于强度要求较高、潮湿环境的砌体。但其和易性及保水性差，在强度等级相同的情况下，用同样块材砌筑而成的砌体强度比流动性好的混合砂浆砌筑的砌体要低。

（2）混合砂浆

混合砂浆是指在水泥砂浆的基本组成成分中加入塑性掺合料（石灰膏、黏土膏）拌制而成的砂浆。它强度较高、耐久性较好、和易性和保水性好，施工灰缝容易做到饱满平整，便于施工。一般墙体多用混合砂浆，在潮湿环境不适宜用混合砂浆。

（3）非水泥砂浆

它是不含水泥的石灰砂浆、黏土砂浆、石膏砂浆的统称。其强度低、耐久性差、通常用于地上简易的建筑。

砌筑砂浆的技术性质主要包括新拌砂浆的密度、和易性、硬化砂浆强度和对基面的粘结力、抗冻性、收缩值等指标。其中强度和和易性是新拌砂浆两个重要技术指标。

新拌砂浆的和易性是指砂浆易于施工并能保证质量的综合性质。和易性好的砂浆不仅在运输施工过程中不易产生分离、离析、泌水，而且能在粗糙的砖、石表面铺成均匀的薄层，与基层保持良好的粘结，便于施工操作。和易性包括流动性和保水性两个方面。流动性是指砂浆在重力和外力作用下产生流动的性能。通常用砂浆稠度仪测定。砂浆的保水性是指新拌砂浆能够保持内部水分不泌出流失的能力。砂浆的保水性用保水率（%）表示。

新拌砂浆的强度以 3 个 70.7mm×70.7mm×70.7mm 的立方体试块，在标准状况下养护 28d，用标准方法测得的抗压强度（MPa）算术平均值来评定。砂浆强度等级分为 M5、M7.5、M10、M15、M20、M25、M30 七个等级。

16. 砌筑用石材怎样分类？它们各自在什么情况下应用？

答：承重结构中常用的石材应选用无明显风化的天然石材，常用的有重力密度大的花岗岩、石灰岩、砂岩及轻质天然石。重力密度大的重质天然石材强度高、耐久抗冻性能好。一般用于石材生产区的基础砌体或挡土墙中，也可用于砌筑承重墙，但其热阻小、导热系数大，不宜用于北方需要供暖地区。

石材按其加工后的外形规整的程度可分为料石和毛石。料石多用于墙体，毛石多用于地下结构和基础。

料石按加工粗细程度不同分为细料石、半细料石、粗料石和毛料石 4 种。料石截面高度和宽度尺寸不宜小于 200mm，且不小于长度的 1/4。毛石外形不规整，但要求中部厚度不应小于 200mm。

石材抗压强度通常用 3 个 70mm 的立方体试块抗压强度的平均值确定。

石材抗压强度等级有 MU100、MU80、MU60、MU50、MU40、MU30 和 MU20 七个等级。

17. 砖分为哪几类？它们各自的主要技术要求有哪些？工程中怎样选择砖？

答：块材是组成砌体的主要部分，砌体的强度主要来自于砌块。现阶段工程结构中常用的块材有砖、砌体和各种石材。

(1) 烧结普通砖

烧结普通砖是由矸石、页岩、粉煤灰或黏土为主要原料，经过焙烧而成的实心砖。分烧结煤矸石砖、烧结页岩砖、烧结粉煤灰砖、烧结多孔砖等。实心黏土砖是我国砌体结构中最主要的和最常见的块材，其生产工艺简单、砌筑时便于操作、强度较高、价格较低廉，所以使用量很大。但是由于生产黏土砖消耗黏土的量大、毁坏农田、与农业争地的矛盾突出，焙烧时造成的大气污染等对国家可持续发展构成负面影响，除在广大农村和城镇大量使用以外，大中城市已不允许建设隔热保温性能差的实心砖砌体房屋。

1) 烧结普通砖

烧结黏土砖的尺寸为 240mm×115mm×53mm。为符合砖的规格，砖砌体的厚度为 240mm、370mm、490mm、620mm、740mm 等尺寸。

2) 烧结多孔砖

烧结多孔砖是由矸石、页岩、粉煤灰或黏土为主要原料，经过焙烧而成、空洞率不大于 35%，孔的尺寸小而数量多，主要用于承重部位的砖。

砖的强度等级是根据标准试验方法（半砖叠砌）测得的破坏时的抗压强度确定，同时考虑到这类砖的厚度较小，在砌体中易受弯、受剪后易折断，《砌体结构设计规范》GB 50003—2011 同时规定某种强度的砖同时还要满足对应的抗折强度要求。《砌体结构设计规范》GB 50003—2011 规定，普通黏土砖和黏土空心砖的强度共有 MU30、MU25、MU20、MU15、MU10 五个等级。

(2) 非烧结硅酸盐砖

这类砖是用硅酸盐类材料或工业废料粉煤灰为主要原料生产的，具有节省黏土、不损毁农田、有利于工业废料再利用、减少工业废料对环境污染的作用，同时可取代黏土砖生产，从而可有效降低黏土砖生产过程中环境污染问题，符合环保、节能和可持续发展的思路。这类砖常用的有蒸压灰砂普通砖、蒸压粉煤灰普通砖两类。

1）蒸压灰砂普通砖。它是以石灰等钙质材料和砂等硅质材料为主要原料，经坯料制备、压制排气成型、高压蒸汽养护而成的实心砖。

2）蒸压粉煤灰普通砖。它是以石灰、消石灰（如电石渣）或水泥等钙质材料与粉煤灰等硅质材料（砂等）为主要原料，掺加适量石膏，经坯料制备、压制排气成型、高压蒸汽养护而成的实心砖。

蒸压灰砂普通砖和蒸压粉煤灰普通砖它们的规格尺寸与实心黏土砖相同，能基本满足一般建筑的使用要求，但这类砖强度较低、耐久性稍差，在多层建筑中不用为宜。在高温环境下也不具备良好的工作性能，不宜用这类砖砌筑壁炉和烟囱。由于蒸压灰砂砖和粉煤灰砖自重小，用作框架和框架剪力墙结构的填充墙不失为较好的墙体材料。

蒸压灰砂砖的强度等级，与烧结普通砖一样，由抗压强度和抗折强度综合评定。在确定粉煤灰砖强度等级时，要考虑自然碳化影响，对试验室实测的值除以碳化系数 1.15。砌体结构设计规范规定，它们的强度等级分为 MU25、MU20、MU15 三个等级。

（3）混凝土砖

它是以水泥为胶凝材料，以砂、石为主要集料、加水搅拌、成型、养护制成的一种多孔的混凝土半盲孔砖或实心砖。多孔砖的主要规格尺寸为 240mm×150mm×90mm、240mm×190mm×90mm、190mm×190mm×90mm 等；实心砖的主要规格尺寸为 240mm×115mm×53mm、240mm×115mm×90mm 等。

18. 工程中最常用的砌块是哪一类？它的主要技术要求有哪些？它的强度分几个等级？

答：工程中最常用的砌块是混凝土小型空心砌块。由普通混凝土或轻集料混凝土制成，主要规格尺寸为 390mm×190mm×190mm、空心率为 25%～50% 的空心砌块，简称为混凝土砌块或砌块。

砌块体积可达标准砖的 60 倍，因为其尺寸大才称为砌块。砌体结构中常用的砌块，它的原料为普通混凝土或轻骨料混凝土。混凝土空心砌块由于尺寸大、砌筑效率高、同样体积的砌体可减少砌筑次数，降低劳动强度。砌块分为实心砌块和空心砌块两类，空心砌块的空洞率在 25%～50% 之间。通常，把高度小于 380mm 的砌块称为小型砌块，高度在 380mm～900mm 的称为中型砌块。

混凝土砌块的强度等级是根据单块受压毛截面积试验时的破坏荷载折算到毛截面积上后确定的。其强度等级分为 MU20、MU15、MU10、MU7.5 和 MU5 共五个等级。

19. 钢筋混凝土结构用钢材有哪些种类？各类的特性是什么？

答：现行《混凝土结构设计规范》GB 50010—2010 中规定：增加了强度为 500MPa 级的热轧带肋钢筋；推广 400MPa、500MPa 级热轧带肋高强度钢筋作为纵向受力的主导钢筋，限制并逐步淘汰 335MPa 级热轧带肋钢筋的应用；用 300MPa 级光圆钢筋取代 235MPa 级光圆钢筋。推广具有较好延性、可焊性、机械连接性能及施工适应性的 HRB 系列普通钢筋。引入用控温轧制工艺生产的 HRBF 系列细晶粒带肋钢筋。RRB 系列余热处理钢筋由轧制钢筋经高温淬水，余热处理后提高强度。其延性、可焊性、机械连接性能及施工适应性降低，一般可用于对变形性能及进攻性能要求不高的构件中，如基础、大体积混凝土、楼板、墙体以及次要的中小结构构件等。

混凝土结构和预应力混凝土结构中使用的钢筋如下：

（1）纵向受力普通钢筋宜采用 HRB400、HRB500、HRBF400、HRBF500 钢筋，也可采用 HPB300、HRB335、

HRBF335、RRB400 钢筋。

（2）梁、柱纵向受力普通钢筋应采用 HRB400、HRB500、HRBF400、HRBF500 钢筋。

（3）箍筋宜采用 HPB300、HRB400、HRBF400、HRB500、HRBF500 钢筋，也可采用 HRB335、HRBF335 钢筋。

（4）预应力筋宜采用预应力钢丝、消除预应力钢丝、预应力螺纹钢筋。

20. 钢结构用钢材有哪些种类？在钢结构工程中怎样选用钢材？

答：钢结构用钢材按组成成分分为碳素结构钢和低合金结构钢两大类。

钢结构用钢材按形状分为热轧型钢（如热轧角钢、热轧工字钢、热轧槽钢、热轧 H 型钢）、冷轧薄壁型钢、钢板等。

钢结构用钢材按强度等级可分为 Q235 钢、Q345 钢、Q390 钢、Q420 钢和 Q460 钢等，每个钢种可按其性能不同细分为若干个等级。

现行《钢结构设计规范》GB 50017 对钢结构所用钢材的选材规定如下：

（1）钢结构选材应遵循技术可靠、经济合理的原则，综合考虑结构的重要性、荷载特征、结构形式、应力状态、连接方法、钢材厚度、价格和工作环境等因素，选用合适的钢材牌号和材性。

（2）承重结构采用的钢材应具有屈服强度、伸长率、抗拉强度、冲击韧性和硫、磷含量的合格保证，对焊接结构尚应具有碳含量（或碳当量）的合格保证。焊接承重结构以及重要的非焊接承重结构采用的钢材还应具有冷弯试验的合格保证。当选用 Q235 钢时，其脱氧方法应选用镇静钢。

（3）钢材的质量等级，应按下列规定选用：

1）对不需要验算疲劳的焊接结构，应符合下列规定：

① 不应采用 Q235A（镇静钢）；

② 当结构工作温度大于 20℃时，可采用 Q235B、Q345A、Q390A、Q420A、Q460 钢；

③ 当结构工作温度不高于 20℃但高于 0℃时，应采用 B 级钢；

④ 当结构工作温度不高于 0℃但高于－20℃时，应采用 C 级钢；

⑤ 当结构工作温度不高于－20℃时，应采用 D 级钢。

2）对不需要验算疲劳的非焊接结构，应符合下列规定：

① 当结构工作温度高于 20℃时，可采用 A 级钢。

② 当结构工作温度不高于 20℃但高于 0℃时，宜采用 B 级钢；

③ 当结构工作温度不高于 0℃但高于－20℃时，应采用 C 级钢；

④ 当结构工作温度不高于－20℃时，对 Q235 钢和 Q345 钢应采用 C 级钢；对 Q390 钢、Q420 钢和 Q460 钢应采用 D 级钢。

3）对于需要验算疲劳的非焊接结构，应符合下列规定：

① 钢材至少应采用 B 级钢；

② 当结构工作温度不高于 0℃但高于－20℃时，应采用 C 级钢；

③ 当结构工作温度不高于－20℃时，对 Q235 钢和 Q345 钢应采用 C 级钢；对 Q390 钢、Q420 钢和 Q460 钢应采用 D 级钢。

4）对于需要验算疲劳的焊接结构，应符合下列规定：

① 钢材至少应采用 B 级钢；

② 当结构工作温度不高于 0℃但高于－20℃时，Q235 钢和 Q345 钢应采用 C 级钢；对 Q390 钢、Q420 钢和 Q460 钢应采用 D 级钢；

③ 当结构工作温度不高于－20℃时，Q235 钢和 Q345 钢应采用 D 级钢；对 Q390 钢、Q420 钢和 Q460 钢应采用 E 级钢。

5）承重结构在低于－30℃环境下工作时，其选材还应符合下列规定：

① 不宜采用过厚的钢板；

② 严格控制钢材的硫、磷、氮含量；

③ 重要承重结构的受拉板件，当板厚大于等于 40mm 时，宜选用细化晶粒的 GJ 钢板。

（4）焊接材料熔敷金属的力学性能应不低于相应母材标准的下限值或满足设计要求。当设计或被焊母材有冲击韧性要求规定时，熔敷金属的冲击韧性应不低于设计规定或对母材的要求。

（5）对直接承受动力荷载或振动荷载且需要验算疲劳的结构，或低温环境下工作的厚板结构，宜采用低氢型焊条或低氢焊接方法。

（6）对 T 形、十字形、角接接头，当其翼缘板厚度等于大于 40mm 且连接焊缝熔透高度等于大于 25mm 或连接角焊缝高度大于 35mm 时，设计宜采用对厚度方向性能有要求的抗层状撕裂钢板，其 Z 向性能等级不应低于 Z15（或限制钢板的含硫量不大于 0.01%）；当其翼缘板厚度等于大于 40mm 且连接焊缝熔透高度等于大于 40mm 或连接角焊缝高度大于 60mm 时，Z 向性能等级宜为 Z25（或限制钢板的含硫量不大于 0.007%）。钢板厚度方向性能等级或含硫量限制应根据节点形式、板厚、熔深或焊高、焊接时节点拘束度，以及预热后热情况综合确定。

（7）有抗震设防要求的钢结构，可能发生塑性变形的构件或部位所采用的钢材应符合钢结构设计规范的规定，其他抗震构件的钢材性能应符合下列规定：

1）钢材应有明显的屈服台阶，且伸长率不应小于 20%；

2）钢材应有良好的焊接性和合格的冲击韧性。

（8）冷成型管材（如方矩管、圆管）和型材，及经冷加工成型的构件，除所用原料板材的性能与技术条件应符合相应材料标准规定外，其最终成型后构件的材料性能和技术条件尚应符合相关设计规范或设计图纸的要求（如延伸率、冲击功、材料质量等级、取样及试验方法）。冷成型圆管的外径与壁厚之比不宜小于 20；冷成型方矩管不宜选用由圆变方工艺生产的钢管。

21. 钢结构中使用的焊条分为几类？各自的应用范围是什么？

答：钢结构中使用的焊条分为：自动焊、半自动焊和 E43×
×型焊条的手工焊；自动焊、半自动焊和 E50×× 型焊条的手工
焊；自动焊、半自动焊和 E55×× 型焊条的手工焊。它们分别用
于抗压、抗拉和抗弯、抗剪连接的焊缝中。

22. 防水卷材分为哪些种类？它们各自的特性有哪些？

答：防水卷材是一种具有一定宽度和厚度的能够卷曲成卷状
的带状定性防水材料。根据构成防水膜层的主要原料的不同，防
水卷材可以分为沥青防水卷材、高聚物改性沥青防水卷材和合成
高分子防水卷材三类。其中高聚物改性沥青防水卷材和合成高分
子防水卷材综合性能优越，是国内大力推广使用的新型防水
卷材。

（1）沥青防水卷材

沥青防水卷材是以原纸、织物、纤维毡、塑料膜等材料为胎
基，浸涂石油沥青、矿物粉料或塑料膜为隔离材料制成的防水卷
材。它包括石油沥青纸胎防水卷材、沥青玻璃纤维布油毡、沥青
玻璃纤维胎油毡几种类型。

沥青防水卷材重量轻、价格低廉、防水性能良好、施工方
便、能适应一定的温度变化和基层伸缩变形，故多年来在工业与
民用建筑的防水工程中得到广泛的应用。

（2）高聚物改性沥青防水卷材

高聚物改性沥青防水卷材是以高分子聚合物改性石油沥青为
涂盖层，聚酯毡、纤维毡或聚酯纤维复合为胎基，细砂、矿物粉
料或塑料膜为隔离材料制成的防水卷材。高聚物改性沥青防水卷
材包括 SBS 改性沥青防水卷材、APP 改性沥青防水卷材、铝箔
塑胶改性沥青防水卷材。

高聚物改性沥青防水卷材具有使用年限长、技术性能好、冷

施工、操作方便、污染性低等特点，克服了传统的沥青纸胎油毡低温柔性差、延伸率低、拉伸强度及耐久性比较差等缺点，通过改善其各项技术性能，有效提高了防水质量。

（3）合成高分子防水卷材

合成高分子防水卷材以合成橡胶、合成树脂或两者共混为基料，加入适量的助剂和填料，经压延或挤出等工序加工而成的防水卷材。

合成高分子防水卷材包括三元乙丙（EPDM）橡胶防水卷材，聚氯乙烯（PVC）防水卷材，聚氯乙烯—橡胶共混防水卷材等。

合成高分子防水卷材具有拉伸强度高、断裂伸长率大、抗撕裂强度高、耐热性能好、低温柔软性好、耐腐蚀、耐老化以及可以冷施工等一系列优异性能，是我国大力发展的新型高档防水卷材。

23. 防水涂料分为哪些种类？它们应具有哪些特点？

答：防水涂料按成膜物质的主要成分可分为沥青基防水涂料、高聚物改性沥青防水涂料、合成高分子防水涂料。按液态类型可分为溶剂型、水乳型和反应型三种。按涂层厚度又可分为薄质防水涂料、厚质防水涂料。

（1）沥青基防水涂料

沥青基防水涂料是以沥青为基料配制而成的水乳型或溶剂型防水涂料。水乳型防水涂料是将石油沥青分散于水中所形成的水分散体。溶剂型沥青涂料是将石油沥青直接溶解于汽油等有机溶剂后制得的溶液。沥青基防水涂料适用于Ⅲ、Ⅳ级防水等级的工业与民用建筑的屋面、混凝土地下室及卫生间的防水工程。

（2）高聚物改性沥青防水涂料

高聚物改性沥青防水涂料是以沥青为基料，用合成高分子聚合物进行改性而制成的水乳型或溶剂型防水涂料。由于高聚物的改性作用，使得改性沥青防水涂料的柔韧性、抗裂性拉伸强度、耐高低温性能、使用寿命等方面优于沥青基防水涂料。常用品种有再生橡胶沥青防水涂料、氯丁橡胶沥青防水涂料、丁基橡胶沥青防水涂料等。高聚物改性沥青防水涂料适用于Ⅱ、Ⅲ、Ⅳ级防水等级的屋面、地面、混凝土地下室和卫生间等的防水工程。

（3）合成高分子防水涂料

合成高分子防水涂料是以合成橡胶或合成树脂为主要成膜物质，加入其他辅料而配成的单组分或多组分的防水涂料。种类涂料具有高弹性、高耐久性及优良的耐高低温性能，是目前常用的高档防水涂料。常用品种有聚氨酯防水涂料、硅橡胶防水涂料、氯磺化聚乙烯橡胶防水涂料和丙烯酸酯防水涂料等。合成高分子防水涂料适用于Ⅰ、Ⅱ、Ⅲ级防水等级的屋面、地下室、水池和卫生间的防水工程。

防水涂料应具有以下特点：

（1）整体防水性好。能满足各类屋面、地面、墙面的防水工程要求。在基层表面形状复杂的情况下，如管道根部、阴阳角处等，涂刷防水涂料较易满足使用要求。

（2）温度适应性强。因为防水涂料的品种多，养护选择余地大，可以满足不同地区气候环境的需要。

（3）操作方便、施工速度快。涂料可喷可涂，节点处理简单，容易操作。可冷加工，不污染环境，比较安全。

（4）易于维修。当屋面发生渗漏时，不必完全铲除旧防水层，只要在渗漏部位进行局部维修，或在原防水层上重做一次防水处理就可达到防水目的。

24. 什么是建筑节能？建筑节能包括哪些内容？

答：建筑节能是指在建筑材料生产、屋面建筑和构筑物施工及使用过程中，合理使用能源，尽可能降低能耗的一系列活动过程的总称。建筑节能范围和技术内容非常广泛，主要范围包括：

（1）墙体、屋面、地面、隔热保温技术及产品。

（2）具有建筑节能效果的门、窗、幕墙、遮阳及其他附属部件。

（3）太阳能、地热（冷）或其他生物质能等在建筑节能工程中的应用技术及产品。

（4）提高供暖通风效能的节电体系与产品。

（5）供暖、通风与空气调解、空调与供暖系统的冷热源处理。

（6）利用工业废物生产的节能建筑材料或部件。

（7）配电与照明、监测与控制节能技术及产品。

（8）其他建筑节能技术和产品等。

25. 常用建筑节能材料种类有哪些？它们有哪些特点？

答：（1）建筑绝热材料

绝热材料（保温、隔热材料）是指对热流具有明显阻抗性的材料或材料复合体。绝热制品（保温、隔热制品）是指将绝热材料加工成至少有一个面与被覆盖表面形状一致的各种绝热制品。绝热材料包括岩棉及其制品、矿渣面及其制品、玻璃棉及其制品、膨胀珍珠岩及其制品、膨胀蛭石及其制品、泡沫塑料、微孔硅酸钙制品、泡沫石棉、铝箔波形纸保温隔热板等。

绝热材料具有表观密度小、多孔、疏松、导热系数小的特点。

（2）建筑节能墙体材料

建筑节能墙体材料主要包括蒸压加气混凝土砌块、混凝土小型空心砌块、陶粒空心砌块、多孔砖，多功能复合材料墙体砌块等。

建筑节能墙体材料与传统墙体材料相比具有密度小、孔洞率高、自重轻、砌筑工效高、隔热保温性能好等。

（3）节能门窗和节能玻璃

目前我国市场的节能门窗有 PVC 门窗、流塑复合门窗、铝合金门窗、玻璃钢门窗。节能玻璃包括中空玻璃、真空玻璃和镀膜玻璃等。

节能门窗和节能玻璃的主要优点是隔热保温性能良好、密封性能好。

第三节 施工图识读、绘制的基本知识

1. 房屋建筑施工图由哪些部分组成？它的作用包括哪些？

答：（1）建筑设计说明；

（2）各楼层平面布置图；

（3）屋面排水示意图、屋顶间平面布置图及屋面构造图；

（4）外纵墙面及山墙面示意图；

（5）内墙构造详图；

（6）楼梯间、电梯间构造详图；

（7）楼地面构造图；

（8）卫生间、盥洗室平面布置图、墙体及防水构造详图；

（9）消防系统图等。

建筑施工图的主要作用包括：

（1）确定建筑物在建设场地内的平面位置；

（2）确定各功能分区及其布置；

（3）为项目报批、项目招标投标提供基础性参考依据；

（4）指导工程施工，为其他专业的施工提供前提和基础；

（5）是项目结算的重要依据；

（6）是项目后期维修保养的基础性参考依据。

2. 房屋建筑施工图的图示特点有哪些？

答：房屋建筑施工图的图示特点包括：

（1）直观性强；

（2）指导性强；

（3）生动美观；

（4）具体实用性强；

（5）内容丰富；

（6）指导性和统领性强；

（7）规范化和标准化程度高。

3. 建筑施工图的图示方法及内容各有哪些？

答：建筑施工图的图示方法主要包括：

（1）文字说明；

（2）平面图；

（3）立面图；

（4）剖面图，有必要时加附透视图；

（5）表列汇总等。

建筑施工图的图示内容主要包括：

（1）房屋平面尺寸及其各功能分区的尺寸及面积；

（2）各组成部分的详细构造要求；

（3）各组成部分所用材料的限定；

（4）建筑重要性分级及防火等级的确定；

（5）协调结构、水、电、暖、卫和设备安装的有关规定等。

4. 结构施工图的图示方法及内容各有哪些？

答：结构施工图是表示房屋承重受各种作用的受力体系中各个构件之间相互关系、构件自身信息的设计文件，它包括下部结构的地基基础施工图和上部主体结构中承受作用的墙体、柱、板、梁或屋架等的施工图纸。

结构施工图包括结构设计说明、结构平面图以及结构详图，它们是结构图整体中联系紧密、相互补充、相互关联、相辅相成的三部分。

（1）结构设计总说明。结构设计说明是对结构设计文件全面、概括性的文字说明，包括结构设计依据，适用的规范、规程、标准图集等，结构重要性等级，抗震设防烈度，场地土的类别及工程特性，基础类型，结构类型，选用的主要工程材料，施工注意事项等。

（2）结构平面布置图。结构平面布置图是表示房屋结构中各种结构构件总体平面布置的图样，包括以下三种：

1）基础平面图。基础平面图反映基础在建设场地上的布置，标高、基坑和桩孔尺寸、地下管沟的走向、坡度、出口，地基处理和基础细部设计，以及地基和上部结构的衔接关系的内容。如果是工业建筑还应包括设备基础图。

2）楼层结构布置图。包括底层、标准层结构布置图，主要内容包括各楼层结构构件的组成、连接关系、材料选型、配筋、构造做法，特殊情况下还有施工工艺及顺序等要求的说明等。对于工业厂房，还应包括纵向柱列、横向柱列的确定，吊车梁，连系梁，必要时设置的圈梁，柱间支撑，山墙抗风柱等的设置。

3）屋顶结构布置图。包括屋面梁、板、挑檐、圈梁等的设置、材料选用、配筋及构造要求；工业建筑包括屋架、屋面板、屋面支撑系统、天沟板、天窗架、天窗屋面板、天窗支撑系统的选型、布置和细部构造要求。

（3）细部构造详图。一般构造详图是和平面结构布置图一起绘制和编排的。主要反映基础、梁、板、柱、楼梯、屋架、支撑等的细部构造做法和适用的材料，特殊情况下包括施工工艺和施工环境条件要求等内容。

5. 混凝土结构平法施工图有哪些特点？

答：钢筋混凝土结构施工图平面整体表示法（以下简称平法），并编制了用平法表示的系列结构施工图集，经进一步完善已经在工程实践中得到普及使用，大大降低了设计者重复劳动所花费无效益的时间，使施工图设计工作焕然一新。平法的普及也极大地方便了施工技术人员的工作，通过明了、简捷、易懂的图纸使原来易于出错、易于产生漏洞、含混不清的环节得以补救，提高了施工质量和效益。同时，平法标准图集的问世在推动建筑行业规范化、标准化起到积极的示范和带头作用。在减轻设计者劳动强度、提高设计质量，节约能源和资源方面具有非常重要的意义。概括起来说，钢筋混凝土结构平法结构施工图的特点如下：

（1）标准化程度高，直观性强。

（2）降低设计时的劳动强度、提高工作效率。

（3）减少出图量，节约图纸量与传统设计法相比在60%～80%，符合环保和可持续发展的模式。

（4）减少了错、漏、碰、缺现象，校对方便、出错易改；易于读识、方便施工，提高了工效。

6. 在钢筋混凝土框架结构中板块集中标注包括哪些内容？

答：板块集中标注就是将板的编号、厚度、X 和 Y 两个方向的配筋等信息在板中央集中表示的方法。标注内容板块编号、板厚、双向贯通筋及板顶面高差。对于普通楼（屋）面板两向均单独看作为一跨作为一个板块；对于密肋楼（屋）面板，两方向主梁（框架梁）均以一跨作为一个板块（非主梁的密肋次梁不视为一跨）。需要注明板的类型代号和序号，例如楼面板4，标注时写为LB4；屋面板2，标注时写为WB2；延伸悬挑板1，标注时写为YXB1，纯悬挑板6，标注时写为XB6等。构造上应注意延伸悬挑板的上部受力钢筋应与相邻跨内板的上部纵向钢筋连通配置。板厚用 $h=×××$ 表示，单位为 mm，一般省略不写；当悬挑板端和板根部厚度不一致时，注写时在等号后先写根部厚度，加注斜线后写板端的厚度，即 $h=×××/×××$。如图中已经明确了板厚可以不予标注。贯通纵筋按板块的下部和上部分别标注，板块上部没有贯通筋时可不标注。板的下部贯通筋用 B 表示，上部贯通筋用 T 表示，B&T 代表下部与上部均配有同一类型的贯通筋；X 方向的贯通筋用 X 打头，Y 方向的贯通筋用 Y 打头，双向均设贯通筋时用 X&Y 打头。

单向板中垂直于受力方向的贯通的分布钢筋设计中一般不标注，在图中统一标注即可。

板面标高高差是指相对于结构层楼面标高的高差，楼板结构层有高差时需要标注清楚，并将其写在括号内。

7. 在钢筋混凝土框架结构中板支座原位标注包括哪些内容？

答：板支座原位标注的内容主要包括板支座上部非贯通纵筋和纯悬挑板上部受力钢筋。

板支座原位标注的钢筋一般标注在配置相同钢筋的第一跨内，当在两悬挑部位单独配置时就在两跨的原位分别标注。在配置相同钢筋的第一跨或悬挑部位，用垂直于板支座一段适宜长度的中粗实线表示，当该钢筋通常设置在悬挑板上部或短跨上部时，该中粗实线应通至对边或贯通短跨；用上述中粗实线代表支座上部非贯通筋，并在线段上方注写钢筋编号，配筋值，括号内注写横向连系布置的跨数（××），如果只有一跨可不注写；（××A）代表该支座上部横向贯通筋在横向贯通的跨数和一段布置到了梁的悬挑端；（××B）代表该横向贯通的跨数和两端布置到了梁的悬挑端。

板支座上部非贯通钢筋伸入左右两侧跨内长度相同时只在一侧表示该钢筋的中粗线的下方标写伸入长度即可，如果伸入两侧长度不同则要分别标写清楚。板的上部非贯通钢筋和纯悬挑板上部的受力钢筋一般仅在一个部位注写，对于其他相同的非贯通钢筋，则仅在代表钢筋的线段上部注写编号及横向连续布置的跨数即可。对于弧形支座上部配置的放射状的非贯通筋，设计时应标明配筋间距的度量位置并加注"放射分布"字样。

8. 在钢筋混凝土框架结构中柱的列表标注包括哪些内容？

答：柱列表注写方式是指在柱平面布置图上，在编号相同的柱中选择一个或几个截面标注该柱的几何参数代号；在柱表中注写柱号，柱段的起止标高，几何尺寸和柱的配筋，并配以柱各种截面及其箍筋类型图的方式来表示柱平法施工图。在结构设计时，柱表注写的内容主要包括：柱编号、柱的起止标高、柱几何尺寸和对轴线的偏心、柱纵筋、柱箍筋等主要内容。

（1）柱编号

柱的编号由类型代号和序号两部分组成，类型代号表示的是柱的类型，例如框架柱类型代号为 KZ，框支柱类型代号为 KZZ，芯柱的类型代号为 XZ，梁上柱类型代号为 LZ，剪力墙上柱类型代号为 QZ。由此可见柱的类型代号也是其名称汉语拼音字母的大写。序号是设计者依据自己习惯或设计顺序给每类柱所编的排序号，一般用小写阿拉伯数字表示，编号时，当柱的总高、分段截面尺寸和配筋都对应相同，但是柱分段截面与轴线的关系不同时，可以将这些柱编成相同的编号。

（2）柱的起止标高

①各段起止标高的确定：各个柱段的分界线是自柱根部向上开始，钢筋没有改变到第一次变截面处的位置，或从该段底部算起柱内所配纵筋发生改变处截面作为分段界限分别标注。②柱根部标高：框架柱（KZ）和框支柱（KZZ）的根部标高为基础顶面标高；芯柱（XZ）的根部标高是指根据实际需要确定的起始位置标高；梁上柱（LZ）的根部标高为梁的顶面标高；剪力墙上的柱的根部标高分两种情况：一是当柱纵筋锚固在墙顶时，柱根部标高为剪力墙顶面标高；当柱与剪力墙重叠一起时，柱根部标高为剪力墙顶面往下一层的结构楼面标高。

（3）柱几何尺寸和对轴线的偏心

①矩形柱：矩形柱的注写截面尺寸 $b \times h$ 及与轴线的几何参数代号 b_1、b_2 和 h_1、h_2 的具体数值，一般对应于各段柱分别标注。其中 $b = b_1 + b_2$，$h = h_1 + h_2$。当柱截面的某一侧收缩至与柱轴线重合时，对应的几何参数 b_1、b_2 和 h_1、h_2 对应的值就为 0；当其中某一侧收缩到柱轴线另一侧时该对应的参数变为负值。②圆柱：柱表中 $b \times h$ 改为在圆柱直径数字之前加 d 表示。设计中为了使表达的更简单，圆柱形截面与轴线的关系用 b_1、b_2 和 h_1、h_2 表示，即 $d = b_1 + b_2 = h_1 + h_2$。

（4）柱纵筋

当柱纵筋直径相同、各边根数也相同时，将纵筋注写在"全部纵筋"一栏中，除此之外，角筋、截面 b 边中部筋和 h 边中部钢筋三类要分别注写。对于对称配筋截面柱只需要注写一侧的中部筋，对称边可以省略。

（5）柱箍筋类型号

对于箍筋宜采用列表注写法，在柱表中按图选择相应的柱截面形状及箍筋类型号，并注写在表中。

（6）柱箍筋

包括箍筋的级别、直径和间距。在具有抗震设防的柱上下端箍筋加密区与柱中部非加密区长度范围内箍筋的不同间距，在注写时用斜线符号"/"加以区分，斜线前是加密区的箍筋间距，斜线后为非加密区箍筋的间距。箍筋沿柱高间距不变时不需要斜线。例如，某柱箍筋注写为Φ 10@100/200，表示箍筋采用的是HPB300 级钢筋，箍筋直径为 10mm，柱端加密区箍筋加密区箍筋间距 100mm，非加密区箍筋间距为 200mm。

当柱截面为圆形时，采用螺旋箍筋时，在钢筋前加"L"。例如，某柱箍筋标注为 LΦ 10@100/200，表示该柱采用螺旋箍筋，箍筋为 HPB300 级钢筋，为Φ 10mm，加密区间距 100mm，非加密区间距为 200mm。抗震设防时的柱端钢筋加密区的长度根据《建筑抗震设计规范》GB 50011—2010 的规定，参照标准构造详图，在几种不同要求的长度中取最大值。

9. 在钢筋混凝土框架结构中柱的截面标注包括哪些内容？

答：在施工图设计时，在各标准层绘制的柱平面布置图的柱截面上，分别在相同编号的柱中选择一个截面，将截面尺寸和配筋数值直接标注在选定的截面上的方式，称为柱截面注写方式。采用柱截面注写法绘制柱平法施工图时应注意以下事项。

（1）当柱的分段截面尺寸和配筋均相同，仅分段截面与轴线的关系即柱偏心情况不同时，这些柱采用相同的编号。但需要在未画配筋的截面上注写该柱截面与轴线关系的具体尺寸。

（2）按平法绘制施工图时，从相同编号的柱中选择一个截面，按需要的比例原位放大绘制柱截面配筋图，并在各配筋图上柱编号的后面注写截面尺寸 $b \times h$、全部纵筋（全部纵筋为同一直径）、角筋、箍筋的具体数值，另外在柱截面配筋图上标注柱截面与轴线关系 b_1、b_2、h_1、h_2 的具体数值。

（3）当柱纵筋采用两种直径时，将截面各边中部纵筋的具体数值注写在截面的侧边；当矩形截面柱采用对称配筋时，仅在柱截面一侧注写中部纵筋，对称边则不注写。

10. 在框架结构中梁的集中标注包括哪些方法？

答：梁的集中标注方式是指在梁平面布置图上，分别在不同编号的梁中各选一根，将截面尺寸和配筋的具体数值集中标注在该梁上，以此来表达梁平面的整体配筋的方法。例如图 1-1 中Ｅ轴线的框架柱，将梁的共有信息采用集中标注的方法标注在①～②轴线间梁段的上部。

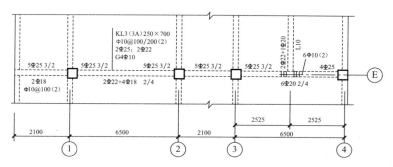

图 1-1　梁的集中与原位标注

梁集中标注各符号代表的含义如图 1-2 所示。

梁的集中标注表达梁的通用数值，它包括 5 项必注值和一项选注值。标注值包括梁的编号、梁的截面尺寸、梁箍筋、梁上部通长筋或架立筋、梁侧面纵向构造钢筋或受扭钢筋的配置；选注值为梁顶面标高高差。

（1）梁编号

梁编号由梁类型代号、序号、跨数及有无悬挑几项组成。

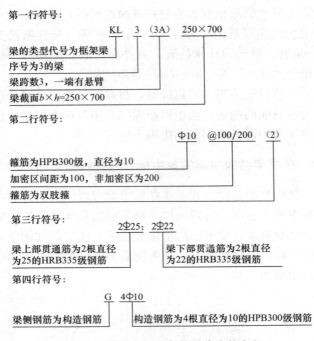

第一行符号：

KL　3　(3A)　250×700

梁的类型代号为框架梁
序号为3的梁
梁跨数3，一端有悬臂
梁截面 $b×h$ =250×700

第二行符号：

Φ10　@100/200　(2)

箍筋为HPB300级，直径为10
加密区间距为100，非加密区为200
箍筋为双肢箍

第三行符号：

2Φ25；2Φ22

梁上部贯通筋为2根直径为25的HRB335级钢筋
梁下部贯通筋为2根直径为22的HRB335级钢筋

第四行符号：

G　4Φ10

梁侧钢筋为构造钢筋
构造钢筋为4根直径为10的HPB300级钢筋

图 1-2　梁集中标注各符号代表的含义

（2）梁截面尺寸

等截面梁用 $b×h$ 表示；加腋梁用 $b×hYC_1×C_2$ 表示，其中 C_1 为腋长，C_2 为腋高，如图 1-3 所示。但在多跨梁的集中标注已经注明加腋，但其中某跨的根部不需要加腋时，则通过在该跨原位标注等截面的 $b×h$ 来修正集中标注的加腋信息。悬挑梁根部和端部的截面高度不同时，用斜线分隔根部与端部的高度数值，即 $b×h_1/h_2$，其中 h_1 是板根部厚度，h_2 是板端部厚度，如图 1-4 所示。

（3）梁箍筋

梁箍筋需标注包括钢筋级别、直径、加密区与非加密区间距及箍筋肢数，箍筋肢数写在标注数值最后的括号内。梁箍筋加密区与非加密区的不同间距及肢数用斜线"/"分隔，写在斜线前面的数值是加密区箍筋的间距，写在斜线后的数值是非加密区箍筋的间距。梁上箍筋间距没有变化时不用斜线分隔。当加密区箍筋肢数相同时，则将箍筋肢数注写一次，如图 1-1 所示。

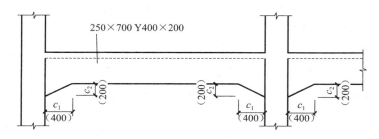

图 1-3　加腋梁截面尺寸及注写方法

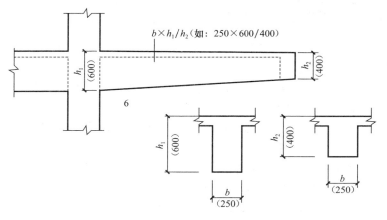

图 1-4　悬挑梁不等高截面尺寸注写方法

（4）梁上通长筋或架立筋

梁上通长钢筋是根据梁受力以及构造要求配置的，架立筋是根据箍筋肢数和构造要求配置的。当同排纵筋中既有通长筋也有架立筋时用"＋"将通常筋和架立筋相连，注写时将角部纵筋写在加号前，架立筋写在加号后面的括号内，以此来区别不同直径的架立筋和通长筋，如果两上部钢筋均为架立筋时，则写入括号内。

在当大多数跨配筋相同时，梁上部和下部纵筋均为通长筋时，在标注梁上部钢筋时同时标写下部钢筋，但要在上部和下部钢筋之间加"；"用其将梁上部和下部通长纵筋的配筋值分开。

例如，某梁上部钢筋标注 2Φ20，表示用于双肢箍；若标注为"2Φ20（2Φ12）"，其中 2Φ20 为通长筋，2Φ12 为架立筋。

例如，某梁上部钢筋标注为"2Φ25；2Φ20"，表示该梁上部配置的通长筋为 2Φ25，梁下部配置的通长筋为 2Φ20。

（5）梁侧面纵向构造筋或受扭钢筋

《混凝土结构设计规范》GB 50010—2010 规定，当梁的腹板高度 $h_w \geqslant 450$mm 时，在梁的两个侧面应沿高度方向配置纵向构造钢筋，标写时第一字符应为构造钢筋汉语拼音第一个字母的大写 G，其后注写设置在梁两侧的总配筋值，并对称配筋。

例如，某梁侧向钢筋标注 G6Φ14，表示该梁两侧分别对称配置纵向构造钢筋 3Φ14，共 6Φ14。

当梁承受扭矩作用需要设置沿梁截面高度方向均匀对称配置的抗扭纵筋时，标注时第一个字符为扭转的扭字汉语拼音的第一个字母的大写"N"，其后标写配置在梁两侧的抗扭纵筋的总配筋值，并对称配置。

例如，某梁侧向钢筋标注 N6Φ22，表示该梁的两侧配置分别 3Φ22 纵向受扭箍筋，共配置 6Φ22。

（6）梁顶顶面标高高差。梁顶顶面标高不在同一高度时，对于结构夹层的梁，则是指相对于结构夹层楼面标高的高差。有高差时，将此项高差标注在括号内，没有高差则不标注，梁顶面高于结构层的楼面标高，则标高高差为正值，反之为负值。

11. 在框架结构中梁的原位标注包括哪些方法？

答：这种标注方法主要用于梁支座上部和下部纵筋。顾名思义就是将梁支座上部的和下部的纵向配置的钢筋标注在梁支座部位的平法标注方法。

（1）梁支座上部纵筋

梁支座上部纵筋包括用通长配置的纵筋和梁上部单独配置的抵抗负弯矩的纵筋，以及为截面抗剪设置的弯起筋的水平段等。

1）当梁的上部纵筋多于一排时，用斜线"/"线将各排纵筋自上而下隔开，斜线前表示上排钢筋，斜线后表示下排钢筋。例如，图 1-1 中 KL3 在①轴支座处，计算要求梁上部布置 5Φ25 纵筋，按构造要求钢筋需要配置成上下两排，原位标注为 5Φ25 3/2，表示上一排纵筋为 3Φ25 的 HRB335 级钢筋，下一排为 2Φ25 的 HRB335 级钢筋。

2）当梁的上部和下部同排纵筋直径在两种以上时，在注写时用"＋"号将两种及以上钢筋连在一起，角部钢筋写在前边。例如图 1-1 中 L10 在（E）轴支座处，梁上部纵筋注写为 2Φ22 ＋1Φ20，表示此支座处梁上部有 3 根纵筋，其中角部纵筋为 2Φ22，中间一根为 1Φ20。

3）当梁中间支座两边的上部纵筋不同时，须在支座两边分别标注；梁支座两边配筋相同时，可仅在支座一边标注配筋即可。

4）当梁上部纵筋跨越短跨时，仅将配筋值标注在短跨梁上部中间位置。例如，图 1-1 中 KL3 在②轴与③轴间梁上部注写 5Φ25 3/2，表示②轴和③轴支座梁上部纵筋贯穿该跨。

（2）梁支座下部纵筋

梁支座下部纵向钢筋原位标注方法包括如下规定。

1）当梁的下部纵筋多于一排时，用斜线"/"将各排纵自上而下隔开，斜线前表示上排钢筋，斜线后表示下排钢筋。例如，图 1-1 中 KL3 在③轴和④轴间梁的下部，计算需要配置 6Φ20 的纵筋，按构造要求需要配置成两排，故原位标注为 6Φ20 2/4，表示上一排纵筋为 2Φ20 的 HRB335 级钢筋，下一排为 4Φ20 的 HRB335 级钢筋。

2）当梁的下部同排纵筋有两种以上直径时，在注写时用"＋"号将两种及以上钢筋连在一起，角部钢筋写在前边。例如，

图 1-1 中 KL3 在①轴和②间梁下部，据算需要配置 2Φ22＋4Φ18 纵筋，表示此梁下部共有 6 根钢筋，其中上排筋为 2Φ18，下排角部纵筋 2Φ22，下排中部钢筋为 2Φ18。

3）当梁下部纵筋不全部伸入支座时，将梁支座下部纵筋减少的数量写在括号内。例如，某根梁的下部纵筋标注为 2Φ22＋2Φ18（－2）/5Φ22，表示上排纵筋为 2Φ22 和 2Φ18，其中 2Φ18 不伸入支座；下一排纵筋为 5Φ22，且全部伸入支座。

4）当梁的集中标注中已按规定分别标写了梁上部和下部均为通长的纵筋时，则不需要在梁下部重复作原位标注。

（3）附加箍筋和吊筋

当主次梁相交时由次梁传给主梁的荷载有可能引起主梁下部被压坏时，在设计时在主次梁相交处一般设置有附加箍筋或吊筋，可将附加箍筋或吊筋直接画在主梁上，用细实线引注总配筋值。例如，图 1-1 中的 L10③轴和④轴间跨中 6Φ10（2），表示在轴支座处需配置 6 根附加箍筋（双肢箍），L10 的两侧各 3 根，箍筋间距按标准构造取用，一般为 50mm。在一份图纸上，绝大多数附加箍筋和吊筋相同时，可在两平法施工图上统一注明，少数与统一注明不同时，再进行原位标注。

（4）例外情况

当梁上集中标注的内容不适于某跨或某悬挑部分时，则将其不同数值原位标注在该跨或悬挑部分，施工时按原位标注的数值取用。其中梁上集中标注的内容一般包括梁截面尺寸、箍筋、上部通长筋或架立筋、梁两侧纵向构造筋或受扭纵筋，以及梁顶面标高高差中的某一项或几项数值。例如，图 1-1 中①轴左侧梁悬挑部分，上部注写的 5Φ25，表示悬挑部分上部纵筋与①轴支座右侧梁上部纵筋相同；下部注写 2Φ18 表示悬挑部分下部纵筋为 2Φ18 的 HRB335 级钢筋。Φ10@100（2）表示悬挑部分的箍筋通长为直径 10mm，间距 100mm 的双肢箍。

梁截面注写方式是指在分标准层绘制的梁平面布置图上，分别在不同编号的梁中各选一根梁用剖面符号标出配筋图，并

在其上注写截面尺寸和配筋具体数值的表示方式，如图 1-5
所示。

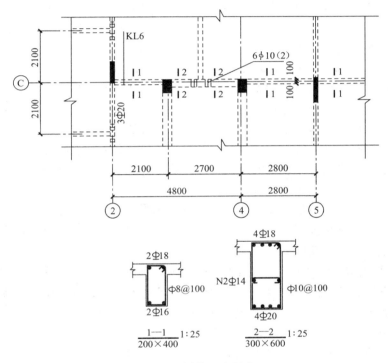

图 1-5 梁截面注写法

12. 建筑施工图的识读方法与步骤各有哪些内容？

答：建筑施工图识读方法与步骤包括了如下内容：

（1）宏观了解建筑施工图。

读懂设计总说明和建筑设计说明，对其建筑平面布置、立面
布置、建筑功能以及功能划分、柱网尺寸、层高有一个基本掌
握，对有地下层的建筑弄懂地下层的功能、平面尺寸和层高，了
解基础的基本类型。对墙体材料和墙面保温及饰面材料有一个基
本了解。同时了解房屋其他专业设计图纸和说明。

（2）认真研读和弄懂建筑设计说明。

建筑设计说明是对本工程建筑设计的概括性的总说明，也是将建筑设计图纸中共性问题和个别问题用文字进行的表述。同时，对于设计图纸中采用的国家标准和地方标准，以及建筑防火等级、抗震等级及设防烈度，和需要强调的主要材料的性能要求提出了具体要求。简单说就是对建筑设计图纸的进一步说明和强调。也是建筑设计的思想和精髓所在。因此，在读识建筑施工图之前需要认真读懂建筑设计说明。

（3）弄懂地基基础的类型和定位放线的详细内容。

有地下层时弄清地下层的功能和布局及分工，有特殊功能要求时要满足专用规范的设计要求，如人防地下室、地下车库等。

（4）上部主体部分分段。

上部主体部分通常分为首层或下部同一功能的若干层，中间层也俗称标准层，以及顶层和屋顶间组成的上部各层。对于首层或下部同一功能的若干层，在弄清楚柱、墙等竖向构件与基础连接的情况下，弄清上部结构的柱网或平面轴线布置。明确各层的平面布置、门窗洞口的位置和尺寸、墙体的构造、内外墙和顶棚的饰面设计，楼梯和电梯间的细部尺寸和开洞要求，室内水、暖、电、卫、通风等系统管线的走向和位置，以及安装位置等，弄清楚楼地面的构造作法及标高，同时明确所在层的层高。同时注意与结构图、安装图相配合。

（5）标准层和顶层及屋顶间内部的建筑图读识与首层大致相同，这里不再赘述。

（6）应读懂屋面部分的防水和隔热保温层的施工图和屋面排水系统图、屋顶避雷装置图、外墙面的隔热保温层施工图及设计要求等。电梯间、消防水箱间或生活用水的水箱间的建筑图及其与水箱安装系统图等之间的关系。

13. 结构施工图的识读方法与步骤各有哪些内容？

答：结构施工图反映了建筑物中结构组成和各构件之间的相

互关系，对各构件而言它反映了其组成材料的强度等级、截面尺寸、构件截面内各种钢筋的配筋值及相关的构造要求。读识结构施工图的步骤如下：

（1）宏观了解建筑施工图。

读懂设计总说明和建筑设计说明，对其建筑平面布置、立面布置、建筑功能以及功能划分、柱网尺寸、层高有一个基本掌握，对有地下层的建筑弄懂地下层的功能、平面尺寸和层高，了解基础的基本类型。对墙体材料和墙面保温及饰面材料有一个基本了解。同时了解房屋其他专业设计图纸和说明。

（2）认真研读和弄懂结构设计说明。

结构设计说明是对本工程结构设计的概括性的总说明，也是将结构设计图纸中共性问题和个别问题用文字进行的表述。同时，对于设计图纸中采用的国家标准和地方标准，以及结构重要性等级，抗震等级及设防烈度和需要强调的主要材料的强度等级和性能要求提出了具体要求。简单说就是对结构设计图纸的进一步说明和强调。也是结构设计的思想和灵魂所在。因此，在读识结构施工图之前需要认真读懂结构设计说明。

（3）认真研读地质勘探资料。

地勘资料是地勘成果的汇总，它比较清楚地反映了结构下部的工程地质和水位地质详细情况，是进行基础施工必须掌握的内容。

（4）首先接触和需要看懂地基和基础图。

地基和基础图是房屋建筑最先施工的部分，在地基和基础施工前应首先对地基和基础施工的设计要求和设计图纸认真研读，弄清楚基础平面轴线的布置和基础梁底面和顶面标高位置，弄清楚地基和基础主要结构及构造要求，弄清楚施工工艺和施工顺序，为进行地基基础施工做好准备。

（5）标准层的结构施工图的读识。

主体结构通常分为首层或下部同一功能的若干层，中间层也俗称标准层，以及顶层和屋顶间组成的上部各层。对于首层或下部同一功能的若干层，在弄清楚柱、墙等竖向构件与基础连接的情况下，弄清上部结构的柱网或平面轴线布置。明确各结构构件的定位、尺寸、配筋以及与本层相连的其他构件的相互关系，明确所在层的层高。按照梁、板、柱和墙的平法识图规则读识各自的结构施工图。弄清楚电梯间和楼梯间与主体结构之间的关系。

（6）顶层及屋顶间的结构图读识与首层相同，这里不再赘述。

14. 室内给水排水施工图的组成包括哪些？

答：给水排水施工图包括室内给水排水、室外给水排水施工图两部分。

室内给水排水施工图的组成主要包括：

（1）图样目录。它是将全部施工图进行分类编号，并填入图样目录表格中，一般作为施工图的首页。

（2）设计说明及设备材料表。凡是图纸无法表达或表达不清楚而又必须为施工技术人员所了解的内容，均应用文字说明。包括所用的尺寸单位，施工时的质量要求，采用材料、设备的型号、规格，某些施工做法及设计图中采用标准图集的名称等。

（3）给水排水平面图。又称俯视图，主要表达内容为各用水设备的类型及平面位置；各干管、立管、支管的平面位置，立管编号及管道的敷设方法，管道附件如阀门、消火栓、清扫口的位置；给水引入管和污水排出管的平面位置、编号以及与室外给水排水管网的联系等。多层建筑给水排水平面图，原则上分层绘制，一般包括地下室或底层、标准层、顶层及水箱间给水排水平面图等，各种卫生器具、管件、附件及阀门等均应按《建筑给水排水制图标准》GB/50106—2010 中的规定绘制。

（4）给水排水系统图。主要表达管道系统在各楼层间前后、左右的空间位置及相互关系；各管段的管径、坡度、标高和立管编号；给水阀门、龙头、存水弯、地漏、清扫口、检查口等管道附件的位置等。一般采用正面斜等测投影法绘制。

（5）施工详图。凡是在以上图纸无法表达清楚的局部构造或由于比例原因不能表达清楚的内容，必须绘制施工详图。施工详图优先采用标准图，通用施工详图系列，如卫生器具安装、阀门井、水表井、局部污水处理改造等均可选择相应的标准图作为施工详图。

15. 室外给水排水施工图包括哪些内容？

答：室外给水排水施工图一般由平面图、断面图和详图等组成。

（1）管网平面布置图。管网平面布置图应以管道布置为重点，用粗线条重点表示室外给水排水管道的位置、走向、管径、编号、管线长度；小区给水排水构筑物（水表井、阀门井、排水检查井、化粪池、雨水口等）的平面位置、分布情况及编号等。

（2）管道断面图。它可以分为横断面图与纵断面图，常见的是纵断面图。管道纵断面图是在某一部位沿管道纵向垂直剖切后的可见图形，用于表明设备和管道的里面形状、安装高度及管道和管道之间的布置与连接关系。管道纵断面图的内容包括干管的管径、埋设深度、地面标高、管顶标高、排水管的水面标高、与其他管道及地沟的距离和相对位置、管线长度、坡度、管道转向及构筑物编号等。

（3）详图。它主要反映各给水排水构筑物的构造、支管与干管的连接方法、附件的做法等，一般有标准图提供。

16. 怎样读识室内给水排水施工图？

答：读识室内给水排水施工图时，应首先熟悉图纸目录，了解设计说明，明确设计要求。将给水、排水平面图和系统图对照读识，给水排水系统可从引入管起沿流水方向、经干管、立管、横管、支管到用水设备，将平面图和系统图一一对应阅读；弄清管道的走向、分支位置，各管道的管径、标高，管道上的阀门、水表、升压设备及配水龙头的位置和类型。排水系统可从卫生器具开始，沿水流方向，经支管、横管、立管、干管到排水管依次识读。弄清管道的走向，汇合位置，各管段的管径、坡度、坡向、检查口、清扫口、地漏的位置，通风帽形式等。然后结合平面图、系统图和设计说明仔细识读详图。室内供水排水详图包括节点图、大样图、标准图、主要是管道节点、水表、消火栓、水加热器、卫生器具、套管、管道支架的安装图及卫生间大样图等。图中需注明详细尺寸，可供安装时直接选用。

（1）室内给水排水平面图

1）底层平面图。根据室内给水是从室外到室内的实际情况，需要从首层或地下室引入，所以，通常应画出用水房间底层给水管网平面图。

2）楼层平面图。如果各楼层的盥洗用房和卫生设备及管道布置完全相同，则只需画出一个相同楼层的平面布置图，但在图中必须注明各楼层的层次和标高。

3）屋顶平面图。当屋顶设有水箱及管道布置时，可单独画出屋顶平面布置图，但如管道布置不太复杂，顶层平面布置图中又有可与图面，与其他设施及管道不致混淆时，可在最高楼层的平面布置图中，用双点长画线画出水箱的位置；如屋顶没有使用给水设备时，则不需画出屋顶平面图。

4）标注。为使土建施工与管道设备的安装能互相配合，在各层的平面布置图上，均需标明墙、柱的定位轴线及其编号并标注轴线间距。管线位置尺寸不标注。

（2）室内给水系统管系轴测图

轴测图上反映的主要内容有给水系统管道的总体情况，包括给水管引入位置、楼层标高，立管位置、管径，安装位置，支管与主管之间的距离、支管各段长度尺寸、管径，以及用水设备（便器、洗脸盆、防污器、小便池、小便挂斗、洗涤池等）的名称、位置，各水平管的标高位置等。

（3）室内排水系统轴测图

轴测图上反映的主要内容有排水系统管道的总体情况，包括给水管引入位置、楼层标高，立管位置、管径、安装位置，支管与主管之间的距离，支管各段长度尺寸、管径，以及排水设备（便器、洗脸盆、防污器、小便池、小便挂斗、洗涤池等）的名称、位置，各水平管的标高位置等。

17. 怎样读识室外供水排水总平面图？

答：（1）室外给水总平面图主要表达建筑物室内外管道的连接和室外管道的布置情况。

（2）室外给水排水总平面图的特点。

①室外总平面图常用的比例为1：500～1：2000，一般与建筑总平面图相同。②建筑物及各种附属设施。小区内的房屋、道路、草坪、广场、围墙等，均可按总建筑平面图的比例，用0.25b的细实线画出外框。在房屋屋角部位画上与楼层数相同个数的小黑点表示楼层数。③管径、检查井编号及标高，应按制图规范的规定对以上设施的详细内容进行标设。④指北针或风玫瑰图。用以反映小区平面布置方向，以及各管道走向。⑤图例。在给水排水总平面图上，应列出该图所用的所有图例，以便识读。⑥施工说明。包括标高、尺寸、管径的单位；与室内地面标高±0.000相当的绝对标高值；管道的设置方式（明装或暗装）；各种管道的材料及防腐、防冻措施；卫生器具的规格、冲洗水箱的容积；检查井的尺寸；所套用的标准图的图号；安装质量的验收标准；其他施工要求。

18. 怎样读识室外给水排水系统图？

答：（1）根据水流方向，依次循序渐进，一般可以引入管、干管、立管、横管、直管、支管、配水器等顺序进行。如果设有屋顶水箱分层供水，则立管穿过各楼层后进入水箱，再从水箱出水管、干管、立管、横管、支管、配水器等顺序进行，屋顶还应注意排气帽的标高位置。

（2）底层给水排水平面图的管道系统编号，供水管道系统编号用圆圈内分数线上为"J"，分母用"1"表示；其中字母"J"

为"净水"汉语拼音第一个字的声母，"1"代表净水系统的个数。同样废水系统、污水系统也可用类似的方法表示。在净水、废水、污水系统图上应该标清楚各分支系统管道的标高位置、管径、与主管和立管之间的距离等位置尺寸等细部尺寸。

（3）污水、废水系统的流程正好与给水系统的流程相反，一般可按卫生器具或排水设备的存水弯、器具排水管、排水横管、立管、排出管、检查井（窨井）等的顺序进行，通常先在底层给水排水平面图中，看清各排水管道和各楼层、地面的立管，接着看各楼层的立管是如何伸展的。

19. 怎样读识室外管网平面布置图？

答：通常为了说明新建房屋室内给水排水与室外管网的连接情况，通常还用小比例（1：500 或 1：1000）画出室外管网总平面图。在该图中只画局部室外管网的干管，用以说明与给水引入管、与排水排出管的连接情况。

（1）给水管的材料

包括塑料管、铸铁管、钢管和其他管材等，如铜管、不锈钢管、钢塑复合管、铝塑复合管等。

（2）给水附件

1）供水附件包括旋塞式水龙头、陶瓷芯片式水龙头、盥洗水龙头、混合水龙头、自动控制水龙头。

2）控制附件包括截止阀、闸阀、蝶阀、止回阀、球阀、减压阀、安全阀等。

20. 怎样识读居民住宅配电及照明施工图？

答：（1）配电系统图的读识

通常居民住宅楼采用电源为三相四线 380/220V 引入，采用 TN—C—S，电源在进户总箱重复接地。

1）系统特点

系统采用三相四线制，架空或地沟中引入，通常导线为三根

35mm²，加一根 25mm² 的橡皮绝缘铜线（BX），引入后穿直径为 50mm 的焊接钢管（SC）埋地（FC）；引入到第一单元总配电箱。第二单元总配电箱的电源由第一单元总配电箱经导线穿管埋地引入，导线为三根 35mm²，加两根 25mm² 的塑料绝缘铜线（BV），35mm² 的导线为相线，25mm² 的导线为一根为 N 线，一根为 PE 线。穿管均为直径 50mm 的焊接钢管。其他单元总配电箱电源的取得与上述相同。

2）照明配电箱

底层照明配电箱采用 XRB03—G1（A）型改制，其他层采用 XRB03—G2（B），其主要区别是前者有单元的总计量电能表，并增加了地下室和楼梯间照明回路。

XRB03—G1（A）型配电箱配备三相四线制总电能表一块，型号 DT862—10（40）A，额定电流 10A，最大负荷 40A；配备总控三极低压断路器，型号 C45N/3P—40A，整定电流 40A。

供用户使用的回路，配备单项电能表一块，型号为 DD862—5（20）A，额定电流 5A，最大负荷 20A，不设总开关。每个回路又分为三个支路，分别供照明卧室和客厅、厨房和卫生间插座。照明支路设双机低压断路器做为控制和保护用，型号 C45NL—60/2P，整定电流 6A；另外两个插座支路均设单极漏电开关作为控制和保护用，型号为 C45NL—60/1P，额定电流 10A。从配电箱引自各个支路的导线均采用塑料绝缘铜线穿阻燃塑料管（PVC），保护管直径 15mm。

XRB03—G2（B）型配电箱不设总电能表，只分几个，供每层各用户使用，每个回路又分为三个支路，其他内容与回路 XRB03—G1（A）型相同。

（2）标准层照明平面图

1）根据设计说明，图纸所有管线均采用焊接钢管或 PVC 阻燃塑料管沿墙或楼板内敷设，管径 15mm，采用塑料绝缘铜线，截面面积 2.5mm²，管内导线根数按图中标注，在黑线（表示管线）上没有标注的均为两根导线，凡用斜线标注的应按斜线标注的根数计。

2）电源通常是从楼梯间的照明配电箱引入的，一梯两户时分为左、右户，一梯三户时分为左户、中户、右户。每户内照明支路的灯排号、盏数、功率都在图上标注出来了。

为了节省篇幅，标准层配电平面图上的信息这里不再一一列举。

21. 照明平面图读识应注意的问题有哪些？

答：照明平面图读识应注意的几个问题如下：

（1）照明电路管线的敷设基本与动力管线敷设的方法相同，其中干线已于动力线路中敷设在竖井或电缆桥架内，其余管线均采用焊接钢管内穿 BV 铜芯线，在现浇板内或吊顶内暗设。

（2）灯具的安装分为顶板上吊装或吸顶装、壁装等。因此，应与土建图样相对应。管线的敷设应适应灯具安装方式。在吊顶处管线应与动力线路中的风机盘管的管线敷设系统。

（3）注意管线敷设的穿上和引下，要对应上层与下层的具体位置。开关及其规格型号应与所控灯具的回路对应。

（4）与系统图对照读图。

22. 电力线缆的敷设方法有哪些？

答：常用的电缆敷设方法有直接埋地敷设、电缆沟敷设、电缆隧道敷设、排管敷设、室外支架敷设和桥架线槽敷设等。

（1）电缆直接埋地敷设

它是电力线缆敷设中最常用的一种方法。当同一路径的室外电缆根数为 8 根及以下，且场地条件有限时，电缆宜采用直接埋地敷设。这种敷设电缆的方法施工简单、经济适用，电缆散热良好，也适用于电力线缆敷设距离较长的场所。

（2）电缆排管敷设

按照一定的孔数和排列预制好的水泥管块，再用水泥砂浆浇筑成一个整体，然后将电缆穿入管中，这种方法就称为电缆排管敷设。电缆排管敷设方式适用于电缆数量不多，但道路交叉较多、路径拥挤，且不宜采用直埋或电缆沟敷设的地段。电缆排管可采用钢管、硬质聚氯乙烯管、石棉水泥管和混凝土管块等。

（3）电缆沟敷设

当平行敷设电缆根数较多时，可采用电缆沟或电缆隧道内敷设的方式。这种方式一般用于工厂厂区内。电缆隧道可以说是尺寸较大的电缆沟，是用砖砌筑或混凝土浇筑而成的。沟顶部用钢筋混凝土盖板盖住。沟内有电缆支架、电缆均挂在支架上，支架可在沟侧壁一侧布置，也可在沟的两侧布置。

（4）电缆明敷设

电缆明敷设是将电缆直接敷设在构架上，可以像电缆沟中一样，使用支架，也可以使用钢索悬挂或用挂钩悬挂。

（5）室外支架敷设

室外支架敷设是将电缆用设在墙上的专用支架悬空架设、固定，以达到敷设目的的一种电缆敷设方法。它是厂区、居民小区使用较多的一种电缆敷设方法。它的特点是省时、省力、经济、快速。

其他电力线缆敷设的方法从略。

23. 建筑物防雷接地施工图包括哪些内容？

答：（1）设计说明中涉及的内容

1）防雷等级。根据自然条件、当地雷电日数、建筑物的重要程度确定防雷等级或类别。

2）防直击雷、防电磁感应、防侧击雷、防雷电波侵入和等电位的措施。

3）当用钢筋混凝土内的钢筋做接闪器，引下线和接地装置时，应说明采取的措施和要求。

4）防雷接地阻值的确定，如对接地装置作特殊处理时，应说明措施、方法和达到的阻值要求。当利用共用接地装置时，应明确阻值要求。

（2）初步设计阶段

此阶段，建筑防雷工程一般不绘图，特殊工程只出顶视平面图，画出接闪器、引下线和接地装置平面布置，并注明材料规格。

（3）施工设计阶段

绘出建筑物或构筑物防雷顶视平面图和接地平面图。小型建筑物仅绘制顶视平面图，形状复杂的大型建筑应加绘立面图，注明标高和主要尺寸。图中需要绘出避雷针、避雷带、接地线和接地极、断接卡等的平面位置，标明材料规格、相对尺寸等。而利用建筑物或构筑物内的钢筋作防雷接闪器，引下线和接地装置时，应标出连接点、预埋件及敷设形式，特别要标出索引图编号、页次。

图中需说明内容有防雷等级和采取的防雷措施（包括防雷电波侵入），以及接地装置形式、接地电阻值、接地材料规格和埋设方法。利用桩基、钢筋混凝土基础内的钢筋作接地极时，说明应采取的措施。

24. 室内供暖施工图由哪些内容组成？

答：室内供暖系统施工图包括图样目录、设计施工说明、设备材料表、供暖平面图、供暖系统图、详图及标准图等。

（1）图样目录和设备材料表。

它的要求同给水排水施工图，一般放在整套施工图的首页。

（2）设计说明。

它主要说明供暖系统热负荷、热媒种类及参数、系统阻力、采用管材及连接方式、散热器的种类及安装要求、管道的防腐保温做法等。

（3）供暖平面图

它包括首层、标准层和顶层供暖平面图。其主要内容有热力入口的位置、干管和支管的位置、立管的位置及编号、室内地沟的位置和尺寸，散热器的位置和数量，阀门、集气罐、管道支架及伸缩器的平面位置、规格及型号等。

（4）供暖系统图

它采用单线条绘制，与平面图比例相同。它是表示供暖系统空间布置情况和散热器连接形式的立体透视图。系统图应标注各管段管径的大小、水平管段的标高、坡度、阀门的位置，散热器的数量及支管的连接形式，与平面图对照可反映供暖系统的全貌。

（5）详图和标准图

详图和标准图要求与给水排水施工图详图相同。

25. 室外供热管网施工图由哪几部分组成？

答：室外供热管网施工图通常由平面图、断面图（纵剖面、横剖面）和详图等组成。

（1）室外供热管网平面图

它的主要内容包括室外地形标高、等高线的分布，热源或换热站的平面位置，供热管网的敷设方式、补偿器、阀门、固定支架的位置，热力入口、检查井的位置和编号等。

（2）室外供热管网断面图

室外供热管网采用地沟或直埋敷设时，应绘制管线纵向或横向断面图。纵、横剖面图主要反映管道及构筑物纵、横立面的布置情况，并将平面图上无法表示的立体情况表示清楚，所以，它是平面图的辅助图样。纵断面图主要内容包括地面标高、沟顶标高、沟底标高、管道标高、管径、坡度、管段长度、检查井编号及管道转向等内容；横断面图包括地沟断面构造及尺寸、管道与沟间距、管道与管道间距、支架的位置等。

（3）详图

它是对局部节点或构筑物放大比例绘制的施工图，主要有热力入口、检查井等构筑物的做法以及干管的连接情况等，管道可用单线条绘制，也可用双线条绘制。

26. 怎样读识供暖平面施工图？

答：在识读供暖施工平面图时，首先要分清热水供水管和热水回水管，并判断出管线的排布方法是上行式、下行式、单管式、双管式中的哪种形式；然后查清各散热器的位置、数量以及其他原件（如阀门等）的位置、型号；最后按供热管网的走向顺序读图。在识读平面图时，按照热水供水管的走向顺序读图。识读供暖平面施工图时应从以下几个方面着手：

（1）入口与出口

查找供暖总管入口和回水总管出口的位置、管径和坡度及一些附件。引入管一般在建筑物中间、两端或单元入口处。总管入口处一般由减压阀、混水器、疏水器、分水器、分水缸、除污器、控制阀门等组成。如果平面图上注明有入口节点图的，阅读时则要按平面图所注节点图的编号查找入口图进行识图。

（2）干管的布置

了解干管的布置方式，干管的管径、干管上的阀门、固定支架、补偿器等的平面位置和型号等。识图时要查看干管是敷设在最顶层（是上供式系统）、中间层（是中供式系统）、还是最底层（是下供式系统）。在底层平面图中一般会出现回水干管，一般用粗虚线表示。如果干管最高处设有集气罐，则说明为热水供暖系统图；如果散热器出口处和底层干管上出现有疏水器，则说明干管（虚线表示）为凝结水管，从而表明该系统为蒸汽供热系统。读图时还应弄清楚补偿器和固定支架的平面位置及种类。为了防止供热管道升温时由于热伸长或温度应力而引发管道变形或破坏，需要在管道上设置补偿器。供热系统中的补偿器常用的有方形补偿器和自然补偿器。

（3）立管

查找立管的数量和布置位置。复杂的系统有立管编号、简单的系统可不对立管编号。

（4）建筑物内设置的散热器位置、种类、数量

查找建筑物内散热设备（散热器、辐射板、暖风机）的平面

位置、种类、数量（片数）以及散热器的安装方式。散热器一般布置在外窗内侧窗台下（也有沿内墙布置的）。散热器的安装有明装、半暗装、暗装。通常散热器以明装较多。

（5）各设备管道连接情况

对热水供暖系统，查找膨胀水箱、集气罐等设备的平面位置、规格尺寸及与其连接的管道情况。热水供暖系统的集气罐一般装在系统最宜集气的地方，装在立管顶端的为立式集气罐，装在供水干管末端的为卧式集气罐。

27. 怎样读识供暖系统轴测图和供暖详图？

答：（1）供暖系统轴测图

1）查找入口装置的组成和热入口处热媒来源、流向、坡口、管道标高、管径及入口采用的标准图号或节点图编号。

2）查找各段管的管径、坡度、坡向、设备的标高和各立管的编号。一般情况下，系统图中各管段两端均注有管径，即变径管两端要注明管径。

3）查找散热器型号、规格和数量。

4）查找阀门、附件、设备及在空间的布置位置。

（2）供暖详图

1）搞清楚施工图中暖气支管与散热器和立管之间的连接形式，散热器与地面、墙面之间的安装尺寸、结合方式及结合件本身的构造。

2）对供暖施工图，一般只绘制平面图、系统图和通用标准图中所缺的局部节点图。在阅读供暖详图时，要弄清管道的连接做法，设备的局部构造尺寸、安装位置和做法等。

第四节 熟悉工程施工工艺和方法

1. 岩土的工程分类分为哪几类？

答：《建筑地基础设计规范》GB 50007—2011 规定：作为建

筑物地基岩土，可分为岩石、碎石土、砂土、粉土、黏性土和人工填土共六类。

（1）岩石：岩石是指颗粒间牢固粘结，呈整体或具有节理裂隙的岩体。它具有以下性质：

1）岩石的坚硬程度

作为建筑地基的岩石除应确定岩石的地质名称外，还应根据岩石的坚硬程度，依据岩石的饱和单轴抗压强度将岩石分为坚硬岩、较硬岩、较软岩和极软岩。

2）岩石的完整程度

岩石的完整程度划分为完整、较完整、较破碎、破碎和极破碎五类。

（2）碎石土：是粒径大于 2mm 的颗粒含量超过全重 50％的土。碎石土根据颗粒含量及颗粒形状可分为漂石或块石、卵石或碎石、圆砾或角砾。

（3）砂土：砂土是指粒径大于 2mm 的颗粒含量不超过全重 50％、粒径大于 0.075mm 的颗粒超过全重 50％的土。按粒组含量分为砾砂、粗砂、中砂、细砂和粉砂。

（4）粉土：粉土是指介于砂土和黏土之间，塑性指数 $I_p \leqslant$ 10 且粒径大于 0.0075mm 的颗粒含量不超过全重的 50％的土。

（5）黏性土：塑性指数 I_p 大于 10 的土称为黏性土，可分为黏土、粉质黏土。

（6）人工填土：是指由人类活动而形成的堆积物。其构成的物质成分较杂乱、均匀性较差。人工填土根据其组成和成因，可分为素填土、压实填土、杂填土、冲填土。素填土为由碎石土、砂土、粉土、黏土等组成的填土。压实填土是指经过压实或夯实的素填土。杂填土为含有建筑垃圾、工业废料、生活垃圾等杂物的填土。冲填土为由水力冲填泥砂形成的填土。

2. 常用地基处理方法包括哪些？它们各自适用哪些地基土？

答：地基处理的方法可分为：根据处理时间可分为临时处理

和永久处理；根据处理深度可分为浅层处理和深层处理；根据被处理土的特性，可分为砂土处理和黏土处理，饱和土处理和不饱和土处理。现阶段一般按地基处理的作用机理对地基处理方法进行分类，通常包括以下几种：

（1）机械压实法

机械压实法通常采用机械碾压法、重锤夯实法、平板振动法。这种处理方法是利用土的压实原理，把浅层地基土压实、夯实或振实，属于浅层处理。适用地基土为碎石、砂土、粉土、低饱和度的粉土与黏性土、湿陷性黄土、素填土、杂填土等地基。

（2）换土垫层法

换土垫层法通常的处理方法是采用砂石垫层、碎石垫层、粉煤灰垫层、干渣垫层、土或灰土垫层置换原有软弱地基土来处理湿陷地基的。其原理就是挖除浅层软弱土或不良土，回填碎石、粉煤灰垫、干渣垫、粗颗粒土或灰土等强度较高的材料，并分层碾压或夯实土，提高承载力和减少变形，改善特殊土的不良特性，属浅层处理。这种处理方法适用于淤泥、淤泥质土、湿陷性黄土、素填土、杂填土地基及暗沟、暗塘等的浅层处理。

（3）排水固结法

排水固结法对地基处理方法是采用天然地基和砂井及塑料排水板地基的堆载预压、降水预压、电渗预压等方法进行地基处理的。其原理是通过在地基中设置竖向排水通道并对地基施以预压荷载，加速地基土的排水固结和强度增长，提高地基稳定性，提前完成地基沉降。属深层处理。适用于深厚饱和软土和冲填土地基，对渗透性较低的泥炭土应慎用。

（4）深层密实法

深层密实法是通过采用碎石桩、砂桩、砂石桩、石灰桩、土桩、灰土桩、二灰桩、强夯法、爆破挤密法等对软弱地基土处理的一种方法。这种方法的原理是采用一定的技术方法，通过振动和挤密，使土体孔隙减少，强度提高，在振动挤密的过程中，回填砂、碎石、灰土、素土等，形成相应的砂桩、碎石桩、灰土桩、土桩等，并与地基土组成复合地基，从而提高强度，减少变形；强夯即利用强大的夯实功能，在地基中产生强烈的冲击波和动应力，迫使土体动力固结密实（在强夯过程中，可填入碎石，置换地基土）；爆破则为引爆预先埋入地基中的炸药，通过爆破使土体液化和变形，从而获得较大的密实度，提高地基承载能力，减少地基变形。这类地基处理方法属深层次处理。这种方法适用于松砂、粉土、杂填土、素填土、低饱和度黏性土及湿陷性黄土，其中强夯置换适用于软黏土地基的处理。

（5）胶结法

这种方法是对地基土注浆、深层搅拌和高压旋喷等方法使地基土土体结构改变，从而达到改善地基土受力和变形性能的处理方法。这类处理方法是采用专门技术，在地基中注入泥浆液或化学浆液，使土粒胶结，提高地基承载力、减少沉降量、防止渗漏等；或在部分软土地基中掺入水泥、石灰等形成加固体，与地基土组成复合地基，提高地基承载力、减少变形、防止渗漏；或高压冲切土体，在喷射浆液的同时旋转，提升喷浆管，形成水泥圆柱体，与地基土组成复合地基，提高地基承载力，减少地基沉降量，防止砂土液化、管涌和基坑隆起等。这类处理方法适用于淤泥、淤泥质土、黏性土、粉土、黄土、砂土、人工填土地基；注浆法还可适用于岩石地基。

（6）加筋法

加筋法是采用土工膜、土工织物、土工格栅、土工合成物、土锚、土钉、树根桩、碎石桩、砂桩等对地基土加固的一种方法。它的原理是将土工聚合物铺设在人工填筑的堤坝或挡土墙内起到排水、隔离、加固、补强、反滤等作用；土锚、土钉等置于人工填筑的堤坝或挡土墙内可提高土体的强度和自稳能力；在软弱土层上设置树根桩、碎石桩、砂桩等，形成人工复合土体，用以提高地基承载力，减少沉降量和增加地基稳定性。这类方法适用于软黏土、砂土地基、人工填土及陡坡填土等地基的处理。

3. 基坑（槽）开挖、支护及回填主要事项各有哪些？

答：基坑工程根据其开挖和施工方法可分为无支护开挖和有支护开挖方法。有支护的基坑工程一般包括以下内容：维护结构、支撑体系、土方开挖、降水工程、地基加固、现场监测和环境保护工程。

有支护的基坑工程可以进一步分为无支撑维护和有支撑维护。无支撑维护开挖适合于开挖深度较浅、地质条件较好、周围环境保护要求较低的基坑工程，具有施工方便、工期短等特点。有支撑维护开挖适用于地层软弱、周围环境复杂、环境保护要求较高的深基坑开挖，但开挖机械的施工活动空间受限、支撑布置需要考虑适应主体工程施工、换拆支撑施工较复杂。

无支护放坡基坑开挖是空旷施工场地环境下的一种常见的基坑开挖方法，一般包括以下内容：降水工程、土方开挖、地基加固及土坡坡面保护。放坡开挖深度通常限于3～6m，如果大于这一深度，则必须采取分段开挖，分段之间应该设置平台，平台宽度2～3m。当挖土通过不同土层时，可根据土层情况改变放坡的坡率，并酌留平台。

基坑回填的回填和压实对保护基础和地基起决定性的作用。回填土的密实度达不到要求，往往遭到水冲灌使地基土变软沉陷，导致基础不均匀沉陷发生倾斜和断裂，从而引起建筑物出现裂缝。所以，要求回填土压实后的土方必须具有足够大的强度和稳定性。为此必须控制回填土含水量不超过最佳含水量。回填前必须将坑中积水、杂物、松土清除干净，基坑现浇混凝土应达到一定的强度，不致受填土损伤，方可回填。回填土料应符合设计要求。

房心土质量直接影响地面强度和耐久性。当房心土下沉时导致地面层空鼓甚至开裂。房心土应合理选用土料，控制最佳含水量，严格按规定分层夯实，取样验收。房心回填土深度大于1.5m时，需要在建筑物外墙基槽回填土时采取防渗水措施。

4. 混凝土扩展基础和条形基础施工要点和要求有哪些？

答：混凝土基础施工工艺过程和注意事项包括：

（1）在混凝土浇灌前应先进行基底清理和验槽，轴线、基坑尺寸和土质应符合设计规定。

（2）在基坑验槽后应立即浇筑垫层混凝土，宜用表面振捣器进行振捣，要求表面平整。当垫层达到一定强度后，方可支模、铺设钢筋网。

（3）在基础混凝土浇灌前，应清理模板，进行模板的预验和钢筋的隐蔽工程验收。对锥形基础，应注意保证锥体斜面坡度的正确，斜面部分的模板应随混凝土的浇捣分段支设并顶压紧，以防模板上浮变形，边角处的混凝土必须注意捣实。严禁斜面部分不支模，用铁锹拍实。

（4）基础混凝土宜分层连续浇筑完成。

（5）基础上有插筋时，要将插筋加以固定，以保证其位置的正确。

（6）基础混凝土浇灌完，应用草帘等覆盖并浇水加以养护。

5. 筏板基础的施工要点和要求有哪些？

答：筏板基础的施工要点和要求包括：

（1）施工前如地下水位较高，可采用人工降低地下水位至基坑底不少于 500mm，以保证无水情况下进行基坑开挖和基础施工。

（2）施工时，可采用先在垫层上绑扎底板、梁的钢筋和柱子锚固插筋，浇筑底板混凝土，待达到设计强度的 25% 后，再在底板上支梁模板，继续浇筑完梁部分混凝土；也可采用底板和梁模板一次同时支好，混凝土一次连续浇筑完成，梁侧模板采用支架支承并固定牢固。

（3）混凝土浇筑时一般不留施工缝，必须留设时，应按施工缝要求处理，并应设置止水带。

（4）混凝土浇筑完毕，表面应覆盖和洒水养护不少于 7d。

（5）当混凝土强度达到设计强度的 30％时，应进行基坑回填。

6. 箱形基础的施工要点和要求有哪些？

答：（1）基坑开挖，如地下水位较高，应采取措施降低地下水位至基坑底以下 500mm 处。当采用机械开挖时，在基坑底面标高以上保留 200～400mm 厚的土层，采用人工清槽。基坑验槽后，应立即进行基础施工。

（2）施工时，基础底板、内外墙和顶板的支模、钢筋绑扎和混凝土浇筑，可采用分块进行，其施工缝的留设位置和处理应符合钢筋混凝土工程施工及验收规范有关要求，外墙接缝应设止水带。

（3）基础的底板、内外墙和顶板宜连续浇筑完毕。如设置后浇带，应在顶板浇筑后至少两周以上再施工，使用比设计强度高一级的细石混凝土。

（4）基础施工完毕，应立即进行回填土。

7. 砖基础施工工艺要求有哪些？

答：砖基础砌筑前，应先检查垫层施工是否符合质量要求，然后清扫垫层表面，将浮土和垃圾清除干净。砌基础时可以皮数杆先砌几皮转角及交接处的砖，然后在其间拉准线砌中间部分。若砖基础不在同一深度，则应先由底往上砌筑。在砖基础高低台阶接头处，下台面台阶要砌一定长度（一般不小于 5500mm）实砌体，砌到上面后和上面的砖一起退台。

基础墙的防潮层，如设计无具体要求，宜用 1∶2.5 的水泥砂浆加适量的防水剂铺设，其厚度一般为 20mm。抗震设防地区的建筑物，不用油毡做基础墙的水平防潮层。

8. 钢筋混凝土预制桩基础施工工艺和技术要求各有哪些？

答：钢筋混凝土预制桩根据施工工艺不同可分为锤击沉桩法

和静力压桩法，它们各自的施工工艺和技术要求分别为：

（1）锤击沉桩法

锤击沉桩法也称为打入法，是利用桩锤下落产生的冲击能克服土对桩的阻力，使桩沉到预定深度或达到持力层。

1）施工程序：确定桩位和沉桩顺序→打桩机就位→吊桩喂桩→校正→锤击沉桩→接桩→再锤击沉桩→送桩→收锤→切割桩头。

2）打桩时，应用导板夹具或桩箍将桩嵌固在桩架内。将桩锤和桩帽压在桩顶，经水平和垂直度校正后，开始沉桩。

3）开始沉桩时应短距轻击，当入土一定深度并待桩稳定后，再按要求的落距沉桩。

4）正式打桩时，宜用"重锤低击"，"低提重打"，可取得良好效果。

5）桩的入土深度控制，对于承受轴向荷载的摩擦桩，以桩端设计标高为主，贯入度作为参考；端承桩则以贯入度为主，桩端设计标高作为参考。

6）施工时，应注意做好施工记录。

7）打桩时还应注意观察：打桩入土的速度，打桩架的垂直度，桩锤回弹情况，贯入度变化情况。

8）预制桩的接桩工艺主要有硫磺胶泥浆锚法接桩、焊接法接桩和法兰螺栓接桩法等三种。前一种适用于软土层，后两种适用于各种土层。

（2）静力压桩法

1）静力压桩的施工一般采取分段压入、逐段接长的方法。施工程序为：测量定位→压桩机就位→吊桩插桩→桩身对中调直→静压沉桩→接桩→再静压沉桩→终止压桩→切割桩头。

2）压桩时，用起重机将预制桩吊运或用汽车运至桩机附近，再利用桩机自身设置的起重机将其吊入夹持器中，夹持油缸将桩从侧面夹紧，即可开动压桩油缸。先将桩压入土中 1m 后停止，矫正桩在互相垂直的两个方向垂直度后，压桩油缸继续伸程动作，把桩压入土中。伸长完成后，夹持油缸回程松夹，压桩油缸回程。重复上述动作，可实现连续压桩操作，直至把桩压入预定深度土层中。

3）压同一根（节）桩时应连续进行。

4）在压桩过程中要认真记录桩入土深度和压力表读数的关系，以判断桩的质量和承载力。

5）当压力数字达到预先规定数值，便可停止压桩。

9. 混凝土灌注桩的种类及其施工工艺流程各有哪些？

答：混凝土灌注桩是一种直接在现场桩位上就地成孔，然后在孔内浇筑混凝土或安放钢筋笼再浇筑混凝土而成的桩。按其成孔方法不同，可分为钻孔灌注桩、沉管灌注桩、人工挖孔灌注桩、爆扩灌注桩等。

（1）钻孔灌注桩。钻孔灌注桩是指利用钻孔机械钻出桩孔，并在孔中浇筑混凝土（或先在孔中放入钢筋笼）而成的桩。根据钻孔机械的钻头是否在土的含水层中施工，又分为泥浆护壁成孔和干作业成孔两种施工方法。

1）泥浆护壁成孔灌注桩施工工艺流程：测定桩位→埋设护筒→制备泥浆→成孔→清空→下钢筋笼→水下浇筑混凝土。

2）干作业成孔灌注桩施工工艺流程：测定桩位→钻孔→清孔→下钢筋笼→浇筑混凝土。

（2）沉管灌注桩。沉管灌注桩是指利用锤击打桩法或振动打桩法，将带有活瓣式桩尖或预制钢筋混凝土桩靴的钢管沉入土中，然后边浇筑混凝土（或先在管中放入钢筋笼）边锤击边振动边拔管而成的桩。前者称为锤击沉管灌注桩，后者称为振动沉管灌注桩。

1）沉管灌注桩成桩过程为：桩机就位→锤击（振动）沉管→上料→边锤击（振动）边拔管并继续浇筑混凝土→下钢筋笼并继续浇筑混凝土及拔管→成桩。

2）夯压成型沉管灌注桩。

夯压成型沉管灌注桩简称为夯压桩，是在普通锤击沉管灌注桩的基础上加以改进发展起来的新型桩。它是利用打桩锤将内钢管沉入土层中,由内夯管夯扩端部混凝土,使桩端形成扩大头,再灌注桩身混凝土,用内夯管和夯锤顶压在管内混凝土面形成桩身混凝土。

(3) 人工挖孔灌注桩。人工挖孔灌注桩是指桩孔采用人工挖掘方法进行成孔,然后安装钢筋笼,浇筑混凝土而成的桩。为了确保人工挖孔灌注桩施工过程中的安全,施工时必须考虑预防孔壁坍塌和流砂现象的发生,制定合理的护壁措施。护壁方法可以采用现浇混凝土护壁、喷射混凝土护壁、砖砌体护壁、沉井护壁、钢套管护壁、型钢或木板桩工具式护壁等多种。以下以应用较广的现浇混凝土分段护壁为例说明人工成孔灌注桩的施工工艺流程。

人工成孔灌注桩的施工程序是:场地整平→放线、定桩位→挖第一节桩孔土方→支模浇筑第一节混凝土护壁→在护壁上二次投测标高及桩位十字轴线→安放活动井盖、垂直运输架、起重卷扬机或电动葫芦、活底吊木桶、排水、通风、照明设施等→第二节桩身挖土→清理桩孔四壁,校核桩孔垂直度和直径→拆除上节模板、支第二节模板、浇筑第二节混凝土护壁→重复第二节挖土、支模、浇筑混凝土护壁工序,循环作用直至设计深度→进行扩底(当需扩底时)→清理虚土、排除积水、检查尺寸和持力层→吊放钢筋笼就位→浇筑桩身混凝土。

10. 脚手架施工方法及工艺要求有哪些主要内容?

答:脚手架施工方法及工艺要求包括脚手架的搭设和拆除两个方面。

(1) 脚手架的搭设

1) 脚手架搭设的总体要求。

2) 确定脚手架搭设顺序。

3) 各部位构件的搭设技术要点及搭设时的注意事项。

(2) 确定脚手架的拆除工艺

1) 拆除作业应按搭设的相反顺序自上而下逐层进行,严禁上下同时作业。

2）每层连墙件的拆除，必须在其上全部可拆杆件全部拆除以后进行，严禁先松开连墙杆，再拆除上部杆件。

3）凡已松开连接的杆件必须及时取出、放下，以避免作业人员疏忽误靠引起危险。

4）拆下的杆件、扣件和脚手板应及时吊运至地面，禁止自架上向下抛掷。

11. 砖墙砌筑技术要求有哪些?

答：全墙砌砖应平行砌起，砖层正确位置除用皮数杆控制外，每楼层其完后必须校对一次水平、轴线和标高，在允许偏差范围内，其偏差值应在基础或楼板顶面调整。砖墙的水平灰缝厚度一般在10mm，但不小于8mm，也不大于12mm。水平灰缝砂浆饱满度不低于80%，砂浆饱满度用百格网检查。竖向灰缝宜用挤浆或加浆方法，使其灰缝饱满，严禁用水冲浆灌缝。

砖墙的转角处和交接处应同时砌筑。不能同时砌筑处，应砌成斜槎，斜槎长度不应小于高度的2/3。非抗震区及抗震设防为6度、7度地区，如临时间断处留槎确有困难，除转角处外，也可以留直槎，但必须做成阳槎，并加设拉结筋。拉结筋的数量为每120mm厚设1根直径6mm的HPB300级钢筋（240mm厚墙放置两根直径6mm的HPB300级钢筋）；间距沿墙高度方向不得超过500mm；埋入长度从墙的留槎处算起，每边均不应小于500mm，对抗震设防6度、7度的地区，不应小于1000mm；末端应有90°的弯钩，抗震设防地区建筑物临时间断处不得留槎。

宽度小于1m的窗间墙，应选用整砖砌筑，半砖和破损的砖，应分散使用于墙心或受力较小的部位。不得在下列墙体或部位中留设脚手眼：①空斗墙、半砖墙和砖柱；②砖过梁上与过梁成60°的三角形范围及过梁净跨1/2高度范围内；③宽度小于1m的窗间墙；④梁或梁垫下及其左右各500mm的范围内；⑤砖砌体的门窗洞口两侧 200mm（石砌体为 300mm）和转角处 450mm（石砌体为 60mm）的范围内。施工时在砖墙中留置的临时洞口，其侧边离交接处的墙面不应小于 500mm，洞口净宽不应超过 1m，洞口顶部宜设置过梁。抗震设防为 9 度地区的建筑物，临时洞口的设置应会同设计单位研究决定。临时洞口应做好补砌。

每层承重墙最上一皮砖，在梁或梁垫的下面，应用丁砖砌筑；隔墙与填充墙的顶面与上层结构的接触处，宜用侧砖或立砖斜砌挤紧。

设有钢筋混凝土构造柱的多层砖房，应先绑扎钢筋，而后砌砖墙，最后浇筑混凝土。墙与柱应沿高度方向每 500mm 设两根直径 6mm 的 HPB300 级拉结钢筋（一砖墙），每边伸入墙内不应少于 1m；构造柱应与圈梁连接；砖墙应砌成马牙槎，每一马牙槎沿高度方向的尺寸不超过 300mm，马牙槎从每层砖柱脚开始，应先退后进。该层构造柱混凝土浇筑完之后，才能继续上一层的施工。

砖墙每天砌筑高度以不超过 1.8m 为宜，雨期施工时，每天砌筑高度不宜超过 1.2m。

12. 砖砌体的砌筑方法有哪些？

答：砖砌体的砌筑方法有"三一"砌砖法、挤浆法、刮浆法和满口灰法四种。以下介绍最常用的"三一"砌砖法、挤浆法。

（1）"三一"砌砖法。即是一块砖、一铲灰、一揉压并随手将挤出的砂浆刮去的砌筑方法。这种砌筑方法的优点是：随砌随铺，随即挤揉，灰缝容易饱满，粘结力好，同时在挤砌时随即刮去挤出墙面的砂浆，使墙面保持整洁。所以，砌筑实心砖墙宜采用"三一"砌砖法。

（2）挤浆法。用灰勺、大铲或铺灰器在墙顶铺一段砂浆，然后双手拿砖或单手拿砖，用砖挤入砂浆中一定厚度之后把砖放平，达到下齐边，上齐线，横平竖直的要求。这种砌砖方法的优点是，可以连续挤砌几块砖，减少繁琐的动作；平推平挤可使灰缝饱满；效率高；保证砌筑质量。

13. 砌块砌体施工技术要求有哪些要求？

答：（1）编制砌块排列图。砌块吊装前应先绘制砌块排列图，以指导吊装施工和砌块准备。绘制时在立面图上用 1：50 或 1：30 的比例绘出横墙，然后将过梁、平板、大梁、楼梯、混凝土砌块等在图上标出，再将预留孔洞标出，在纵墙和横墙上画出水平灰线，然后按砌块错缝搭接的构造要求和竖缝的大小进行排列。以主砌块为主，其他各种型号砌块为辅，以减少吊次，提高台班产量。需要镶砖时，应整砖镶砌，而且尽量对称分散布置。砖的强度等级不应小于砌块的强度等级，镶砖应平砌，不宜侧砌和竖砌，墙体的转角处，不得镶砖；门窗洞口不宜镶砖。

砖块的排列应遵守下列技术要求：上下皮砌块错缝搭接长度一般为砌块长度的 1/2（较短的砌块必须满足这个要求），或不得小于砌块皮高的 1/3，以保证砌块牢固搭接，外墙转角及横墙交接处应用砌块相互搭接。如纵横墙不能互相搭接，则每二皮应设置一道钢筋网片。

砌块中水平灰缝厚度应为 10～15mm；当水平灰缝有配筋或柔性拉结条时，其灰缝厚度为 20～25mm。竖向灰缝的宽度为 10～20mm；当竖向灰缝宽度大于 30mm 时，应用强度等级不低于 C20 的细石混凝土填实；当竖灰缝宽度大于或等于 150mm，或楼层不是砌块加灰缝的整倍数时，都要用黏土砖镶砌。

（2）选择砌块安装方案。中小型砌块安装用的机械有台灵架、附有起重拔杆的井架、轻型塔式起重机等。根据台灵架安装砌块时的吊装线路分，有后退法、合拢法及循环法。

（3）机具准备除应准备好砌块垂直、水平运输和吊装的机械外，还要准备安装砌块的专用夹具和其他有关工具。

（4）砌块的运输及堆放。砌块的装卸可用少先式起重机、汽车式起重机、履带式起重机和塔式起重机等。砌块堆放应使场内运输线路最短。堆置场地应平整夯实，有一定泄水坡度，必要时开挖排水沟。砌块不宜直接堆放在地面上，应堆在草袋、炉渣垫层或其他垫层上，以免砌块底面弄脏。砌块的规格数量必须配套，不同类型分别堆放。砌块的水平运输可用专用砌块小车、普通平板车等。

14. 砌块砌体施工工艺有哪些内容？

答：砌块施工的主要工序是：铺灰、吊砌块就位、校正、灌缝等。

（1）铺灰。砌块墙体所采用的砂浆，应具有较好的和易性，砂浆稠度采用 50～80mm，铺灰应均匀平整，长度一般以不超过 5m 为宜，炎热的夏季或寒冷季节应按设计要求适当缩短，灰缝的厚度按设计规定。

（2）吊砌块就位：吊砌块一般用摩擦式夹具，夹砌块时应避免偏心。砌块就位时应使夹具中心尽可能与墙身中心线在同一垂直线上，对准位置徐徐落于砂浆层上，待砌块安放稳当后，方可松开夹具。

（3）校正。用垂球或托线板检查垂直度，用拉准线的方法检查水平度。校正时可用人力轻微推动砌块或用撬杠轻轻撬动砌块，自重在 150kg 以下的砌块可用木锤锤击偏高处。

（4）灌缝。竖缝可用夹板在墙体内夹住，然后灌砂浆，用竹片插或铁棒捣，使其密实。当砂浆吸水后用刮缝板把竖缝和水平缝刮齐。此后砌块一般不准撬动，以防止破坏砂浆的粘结力。

15. 砖砌体工程质量通病有哪些？预防措施各是什么？

答：砌体工程的质量通病和防治措施如下：

（1）砂浆强度偏低，不稳定。这类问题有两种情况：一种是砂浆标养试块强度偏低；二是试块强度不低，甚至较高，但砌体中砂浆实际强度偏低。标养试块强度偏低的主要原因是计量不准，或不按配比计量，水泥过期或砂及塑化剂质量低劣等。由于计量不准，砂浆强度离散性必然偏大。主要预防措施是：加强现场管理，加强计量控制。

（2）砂浆和易性差，沉底结硬。主要表现在砂浆稠度和保水性不合格，容易产生沉淀和泌水现象，铺摊和挤浆较为困难，影响砌筑质量，降低砂浆和砌块的粘结力。预防措施是：低强度砂浆尽量不用高强度水泥配制，不用细砂，严格控制塑化材料的质量和掺量，加强砂浆拌制计划性，随拌随用，灰桶中的砂浆经常翻拌、清底。

（3）砌体组砌方法错误。砖墙面出现数皮砖同缝（通缝、直缝）、里外两张皮，砖柱采用包心法砌筑，里外层砖互相不相咬，形成周围通天缝等，影响砌体强度，降低结构整体性。预防措施是：对工人加强技术培训，严格按规范方法组砌，缺损砖应分散使用，少用半砖，禁用碎砖。

（4）墙面灰缝不平，游丁走缝，墙面凹凸不平。水平灰缝弯曲不平直，灰缝厚度不一致，出现"螺丝"墙，垂直灰缝歪斜，灰缝宽窄不匀，丁不压中（丁砖未压在顺砖中部），墙面凹凸不平。防止措施是：砌前应摆底，并根据砖的实际尺寸对灰缝进行调整；采用皮数杆拉线砌筑，以砖的小面跟线，拉线长度（15～20mm）超长时应加腰线。竖缝，每隔一定距离应弹墨线找平，墨线用线锤引测，每砌一步架用立线向上引伸，立线、水平线与线锤应"三线归一"。

（5）墙体留槎错误。砌墙时随意留槎，甚至是阴槎，构造柱马牙槎不标准，槎口以砖渣填砌，接槎砂浆填塞不严，影响接槎部位砌体强度，降低结构整体性。预防措施是：施工组织设计中应对留槎作统一考虑，严格按规范要求留槎，采用 18 层退槎砌法；马牙槎高度，标准砖留 5 皮，多孔砖留 3 皮；对于施工洞所留槎，应加以保护和遮盖，防止运料车碰撞槎子。

（6）拉结钢筋被遗漏。构造柱及接槎的水平拉结钢筋往往被遗漏，或未按规定布置；配筋砖缝砂浆不饱满，露筋年久易锈。预防措施是：拉结筋应作为隐检查项对待，应加强检查，并填写检查记录档案。施工中，对所砌部位需要配筋应一次备齐，以备检查有无遗漏。尽量采用点焊钢筋网片，适当增加灰缝厚度（以钢筋网片上下各 2mm 保护层为宜）。

16. 砌块砌体工程质量通病有哪些？预防措施各是什么？

答：（1）砌块砌体裂缝。砌块砌体容易产生沿楼板水平裂缝、底层窗台中部竖向裂缝，顶层两端角部阶梯型裂缝及砌块周边裂缝等。预防措施是：为减少收缩，砌块出池后应有足够的静置时间（30～50d）；清除砌块表面脱模剂及粉尘等；采用粘结力强、和易性好的砂浆砌筑，控制灰缝长度和灰缝厚度；设置芯柱、圈梁、伸缩缝，在温度、收缩比较敏感的部位配置水平钢筋。

（2）墙面渗水。砌块墙面及门窗框四周常出现渗水、漏水现象。预防措施是：认真检查砌块质量，特别是抗渗性能；加强灰缝砂浆饱满度控制；杜绝砌体裂缝；门窗洞周边嵌缝应在墙面抹灰前进行。而且要待固定门窗框的铁脚和砂浆或细石混凝土达到一定强度后进行。

（3）层高超高。层高实际高度与设计的高度的偏差超过允许偏差。预防措施是：保证配置砂浆的原料符合质量要求，并且控制灰缝的厚度和长度；砌筑前应根据砌块、梁、板的尺寸规格，计算砌块皮数，绘制皮数杆，砌筑时控制好每皮砌块的砌筑高度，对于原楼地面的标高误差，可在砌筑灰缝或圈梁、楼板找平层的允许误差内逐皮调整。

17. 常见模板的种类、特性及技术要求各是什么？

答：（1）模板的分类有按材料分类、按结构类型分类和按施工方法分类三种。

1）按材料分类。木模板、钢框木（竹）模板、钢模板、塑料模板、铝合金模板、玻璃模板装饰混凝土模板、预应力混凝土薄板等。

2）按结构类型分类。分为基础模板、柱模板、梁模板、楼板模板、楼梯模板、墙模板、壳模板等。

3）按施工方法分类。分为现场拆装式模板、固定式模板和移动式模板。

（2）常见模板的特点。常见模板的特点包括下六个方面。

1）木模板的优点是制作方便、拼接随意，尤其适用于外形复杂或异形混凝土构件，此外，由于导热系数小，对混凝土冬期施工有一定的保温作用。

2）组合钢模板轻便灵活，拆装方便，通用性较强，周转率高。

3）大模板工程结构整体性好，抗震性强。

4）滑升模板可节约大量模板，节省劳力、减轻劳动强度降低工程成本、加快工程进度，提高了机械化程度，但钢材的消耗量有所增加，一次性投资费用较高。

5）爬升模板既保持了大模板墙面平整的优点，又保持了滑模利用自身设备向上提升的优点。

6）台模是一种大型工具式模板、整体性好，混凝土表面容易平整，施工速度快。

（3）模板的技术要求包括下六个方面。

1）模板及其支架应具有足够的强度、刚度和稳定性；能可靠地承受浇筑混凝土的重量、侧压力以及施工荷载。

2）模板的接缝不应灌浆；在浇筑混凝土之前，木模板应浇水湿润，但模板内不应有积水。

3）模板与混凝土的接触面应该清理干净并涂隔离剂，但不得采用影响结构性能或妨碍装饰工程施工的隔离剂。

4）浇筑混凝土之前，模板内的杂物应该清理干净；对清水混凝土工程及装饰混凝土工程，应使用能达到设计效果的模板。

5）用作模板的地坪、胎膜等应平整光洁，不得产生影响构件质量的下沉、裂缝、起砂或起鼓。

6）对跨度不小于 4m 的钢筋混凝土现浇梁、板，其模板应按设计要求起拱；当设计无具体要求时，起拱高度宜为跨度的 $1/1000 \sim 3/1000$。

18. 钢筋的加工和连接方法各有哪些？

答：（1）钢筋的加工包括调直、除锈、下料切断、接长、弯曲成型等。

1）调直。钢筋的调直可采用机械调直、冷拉调直，冷拉调直必须控制钢筋的冷拉率。

2）除锈。钢筋的除锈可以采用电动除锈机除锈、喷砂除锈、酸洗除锈、手工除锈，也可以在冷拉过程中完成除锈工作。

3）下料切断。可用钢筋切断机及手动液压切断机。

4）钢筋弯折成型一般采用钢筋弯曲机、四头弯曲机及钢筋弯箍机，也可以采用手摇扳手、卡盘及扳手弯制钢筋。

（2）钢筋连接方法的分类和特点。

钢筋的连接有焊接、机械连接和绑扎连接等三类。

1）钢筋常用的焊接方法有：闪光对焊、电弧焊、电渣压力焊、电阻电焊、电弧压力焊和钢筋气压焊。焊接连接可节约钢材，改善结构受力性能，提高工效降低成本。

2）机械加工连接有套筒挤压连接法、锥螺纹连接法和直螺纹连接法。

① 套筒挤压连接法的优点是接头强度高、质量稳定可靠，安全、无明火，不受气候影响，适用性强；缺点是设备移动不便，连接速度慢。

② 锥螺纹连接法现场操作工序简单速度快，应用范围广，不受气候影响，但现场施工的锥螺纹漏扭或扭紧不准，丝扣松动对接头强度和变形有很大影响。

③ 直螺纹连接法不存在扭紧力矩对接头质量的影响，提高了连接的可靠性，也加快了施工速度。

19. 混凝土基础、墙、柱、梁、板的浇筑要求和养护方法各是什么?

答：（1）混凝土浇筑要求

混凝土浇筑要求包括以下几个方面：

1）浇筑混凝土时为了避免发生离析现象，混凝土自高处自由倾落的高度不应超过 2m，自由下落高度较大时，应使用溜槽或串筒，以防止混凝土产生离析。溜槽一般用木板制成，表面包铁皮，使用时其水平倾角不宜超过 30°。串筒用钢板制成，每节筒长 700mm 左右，用钩环连接，筒内设缓冲挡板。

2）为了使混凝土能够振捣密实，浇筑时应该分层浇筑、振捣，并在下层混凝土初凝之前，将上层混凝土浇筑并振捣完毕。如果在下层混凝土已经初凝以后，再浇筑上层混凝土时，下层混凝土由于振动，已凝结的混凝土结构就会遭到破坏。

3）竖向构件（墙、柱）浇筑混凝土之前，底部应先填 50～100mm 厚与混凝土内砂浆成分相同的水泥砂浆。砂浆应用铁铲入模，不应用料斗直接倒入模内。浇筑墙体洞口时，要使洞口两侧混凝土高度大体一致。振捣时，振动棒应距洞口 300mm 以上，并从两侧同时振捣，以防止洞口变形。大洞口下部模板应开口并补充振捣。浇筑时不得发生离析现象。当浇筑高度超过 3m 时，应采用串筒、溜槽或振动串筒下落。

4）在一般情况下，梁和板的混凝土应同时浇筑。较大尺寸的梁（梁的高度大于 1m）可单独浇筑，在浇筑与柱和墙连成整体的梁和板时，应在柱和墙浇筑完毕后停歇 1～1.5h，使其初步沉实后，再继续浇筑梁和板。

5）由于技术上和组织上的原因，混凝土不能连续浇筑完毕，如中间间歇时间超过了混凝土的初凝时间，在这种情况下应留置施工缝。施工缝的位置应在混凝土浇筑之前确定，宜留在结构受剪力较小且便于施工的部位。柱应留水平缝，梁、板应留垂直缝。柱宜留在基础的顶面、梁或吊车梁牛腿的下面、吊车梁的上面、无梁板柱帽的下面；和板连接成整体的大截面梁，留置在板底面以下 20～30mm 处。单向板宜留置在平行于板的短边任何位置；有主梁的楼板，宜顺着次梁方向浇筑，施工缝应留置在次梁跨度中间 1/3 的范围内。墙留置在门洞口过梁跨中 1/3 范围内，也可留在纵横墙交接处，双向受力楼板、大体积混凝土结构、多层刚架、拱、薄壳、蓄水池、斗仓等复杂的工程，施工缝的位置应按设计要求留置。在浇筑施工缝处混凝土之前，施工缝处宜先铺水泥浆或与混凝土成分相同的水泥砂浆一层。浇筑时混凝土应细致捣实，使新旧混凝土紧密结合。浇筑混凝土时，应经常观察模板、支架、钢筋、预埋件和预留孔洞的情况。当发现有变形、移位时，应立即停止浇筑，并应在已浇筑的混凝土凝结前修整完好。浇筑混凝土时，应填写好施工记录。

（2）养护方法

混凝土的凝结硬化是水泥颗粒水化作用的结果，而水泥水化颗粒的水化作用只有在适当的温度和湿度条件下才能顺利进行。混凝土的养护就是创造一个具有合适的温度和湿度的环境，使混凝土凝结硬化，逐渐达到设计要求的强度。混凝土养护的方法如下。

1）自然养护是在常温下（平均气温不低于5℃）用适当的材料（如草帘）覆盖混凝土，并适当浇水，使混凝土在规定的时间内保持足够的湿润状态。混凝土自然养护应符合下列规定：在混凝土浇筑完毕后，应在12h以内加以覆盖和浇水；混凝土的浇水养护日期：硅酸盐水泥、普通硅酸盐水泥、矿渣硅酸盐水泥拌制的混凝土不得少于7d；掺用缓凝型外加剂或有抗渗性要求的混凝土，不得少于14d；浇水次数应当保持混凝土具有足够的湿润状态为准。养护初期，水泥水化作用进行较快，需水也较多，浇水次数要较多；气温高时，也应增加浇水次数，养护用水的水质与拌制用的水质相同。

2）蒸汽养护是将构件放在充有饱和蒸汽或蒸汽空气混合物的室内，在较高温度和相对湿度的环境中进行养护，以加快混凝土的硬化。混凝土蒸汽养护的工序制度包括：养护阶段的划分，静停时间，升、降温度，恒温养护温度与时间，养护室内相对湿度等。常压蒸汽养护过程分为四个阶段：静停阶段，升温阶段，降温阶段。静停时间一般为2～6h，以防止构件表面产生裂缝和疏松现象。升温速度不宜过快，以免由于构件表面和内部产生过多温度差而出现裂缝。恒温用户阶段应保持90%～100%的相对湿度，恒温养护温度不得高于95℃，恒温养护时间一般为3～

8h，降温速度不得超过 10℃/h，构件出养护池后，其表面温度与外界温度差不得大于 20℃。

3）针对大体积混凝土可采用蓄水养护和塑料薄膜养护。塑料薄膜养护是将塑料溶液喷涂在已凝结的混凝土表面上，挥发后形成一种薄膜，使混凝土表面与空气隔绝，混凝土中的水分不再蒸发，内部保持湿润状态。

20. 钢结构的连接方法包括哪几种？各自的特点是什么？

答：钢结构的连接方法有焊接、螺栓连接、高强螺栓连接、铆接。其中最常用的是焊接和螺栓连接，它们二者的特点如下。

（1）焊接的特点。

速度快、工效高、密封性好，受力可靠、节省材料。但同时也存在污染环境、容易产生缺陷，如裂纹、孔穴、固体夹渣、未熔合和未焊透、焊接变形和焊接残余应力等。

（2）螺栓连接的特点

拼装速度快、生产效率高，可重复用于可拆卸结构。但也有加工制作费工费时，对板件截面有损伤，连接密封性差等缺陷。

21. 钢结构安装施工工艺流程有哪些？各自的特点和注意事项各是什么？

答：钢结构构件的安装包括如下内容：

（1）安装前的准备工作。应核对构件，核查质量证明书等技术资料。落实和深化施工组织设计，对稳定性较差的构件，起吊前进行稳定性验算，必要时应进行临时加固；应掌握安装前后外界环境；对图纸进行自审和会审；对基础进行验算。

（2）柱子安装。柱子安装前应设置标高观测点和中心线标志，并且与土建工程相一致；钢柱安装就位后需要调整，校正应符合有关规定。

（3）吊车梁安装应在柱子第一次校正和柱间支撑安装后进行。安装顺序应从有柱间支撑的跨间开始，吊装后的吊车梁应进行临时性固定。吊车梁的校正应在屋面系统构件安装并永久连接后进行。

(4) 吊车轨道安装应在吊车梁安装符合规定后进行。吊车轨道的规格和技术条件应符合设计要求和国家现行有关标准的规定，如有变形应经矫正后方可安装。

(5) 屋架的安装应在柱子校正符合规定后进行，屋面系统结构可采用扩大组合拼装后吊装，扩大组合拼装单元宜成为具有一定刚度的空间结构，也可进行局部加固。

(6) 屋面檩条安装应在主体结构调整定位后进行。

(7) 钢平台、梯子、栏杆的安装应符合国标的规定，平台钢板应铺设平整，与支承梁密贴，表面有防滑措施，栏杆安装牢固可靠，扶手转角应光滑。

(8) 高层钢结构的安装。高层钢结构安装的主要节点有柱—柱连接，柱—梁连接，梁—梁连接等。在每层的柱与梁调整到符合安装标准后方可终拧高强螺栓，方可施焊。安装时，必须控制楼面的施工荷载。严禁在楼面堆放构件，严禁施工荷载（包括冰雪荷载）超过梁和楼板的承载力。

22. 地下工程防水混凝土施工技术要求和方法有哪些？

答：地下工程防水混凝土施工技术要求和方法有以下几点。

(1) 防水混凝土处于侵蚀性介质中，混凝土抗渗等级不应小于 P8；防水混凝土结构的混凝土垫层，其抗压强度等级不得小于 C15，厚度不应小于 100mm。

(2) 防水混凝土结构应符合下列规定：①结构厚度不应小于 250mm；②裂缝宽度不得大于 0.2mm，并不得贯通；③钢筋保护层厚度迎水面不应小于 50mm。

(3) 防水混凝土拌合，必须采用机械搅拌，搅拌时间不得小于 2min；掺外加剂时，应根据外加剂的技术要求确定搅拌时间。防水混凝土必须采用机械振捣密实，振捣时间宜为 10~30s，以混凝土开始泛浆和不冒气泡为准，并应避免漏振，欠振和超振。掺引气剂或引气型减水剂时，应采用高频插入式振捣器振捣。

（4）防水混凝土应连续浇筑，宜少留施工缝。当留设施工缝时应注意以下几点：①顶板、底板不宜留施工缝，顶拱、底拱不宜留纵向施工缝，墙体水平施工缝不宜留在剪力墙弯矩最大处或底板与侧墙的交接处，应留在高出底板顶面不小于300mm的墙体上，墙体有孔洞时，施工缝距孔洞边缘不宜小于300mm。拱墙结合的水平施工缝，宜留在起拱线以下150～300mm处；先拱后墙的施工缝可留在起拱线处，但必须加强防水措施。②垂直施工缝应避开地下水和裂隙水较多的地段，并宜与变形缝相结合。③防水混凝土进入终凝时，应立即进行养护，防水混凝土养护得好坏对其抗渗性有很大的影响，防水混凝土的水泥用量较多，收缩较大，如果混凝土早期脱水或养护中缺乏必要的温度和湿度条件，其后果较普通混凝土更为严重。因此，当混凝土进入终凝（浇筑后4～6h）时，应立即覆盖并浇水养护。浇捣后3d内每天应浇水3～6次，3d后每天浇水2～3次，养护天数不得少于14d。为了防止混凝土内水分蒸发过快，还可以在混凝土浇捣1d后，在混凝土的表面刷水玻璃两道或氯乙烯—偏氯乙烯乳液，以封闭毛细孔道，保证混凝土有较好的硬化条件。

23. 地下工程水泥砂浆防水层施工采用的砂浆有几类？

答：常用的水泥砂浆防水层主要有多层普通水泥砂浆防水层、聚合物水泥砂浆防水层、掺外加剂的水泥砂浆防水层三种。

24. 屋面涂膜防水工程施工技术要求和方法有哪些？

答：屋面涂膜防水工程施工技术要求和方法包括以下几个方面。

（1）屋面涂膜防水工程施工的工艺流程。表面基层清理、修理→喷涂基层处理剂→节点部位附加增强处理→涂布防水涂料及铺贴胎体增强材料→清理及检查修理→保护层施工。

（2）防水涂膜施工应分层分遍涂布。待先涂的涂层干燥成膜后，方可涂布后一遍涂料。铺设胎体增强材料，屋面坡度小于15％时可平行屋脊铺设；坡度大于15％时应垂直屋脊铺设，并由屋面最低处向上操作。

（3）胎体的搭设长度，长边不得小于50mm；短边不得小于70mm。采用二层及以上胎体增强材料时，上下层不得互相垂直铺设，搭接缝应错开，其间距不得小于幅宽的1/3。涂膜防水的收头应用防水涂料多遍涂刷或用密封材料封严。

（4）涂膜防水屋面应做保护层。保护层采用水泥砂浆或块材时，应在涂膜层与保护层之间设置隔离层。

（5）防水涂膜严禁在雨天、雪天施工；五级风及以上时或预计涂膜固化前有雨时不得施工；气温低于5℃或高于35℃时不得施工。

25. 屋面卷材防水工程施工技术要求和方法有哪些？

答：屋面卷材防水工程施工包括沥青防水卷材施工、高聚物改性沥青防水卷材施工和合成高分子防水卷材施工三类。它们的施工技术要求和方法分别如下。

（1）沥青防水卷材防水施工技术要求和方法。

它包括以下三个方面：

1）沥青防水卷材的铺设方向按照房屋的坡度确定：当坡度小于3％时，宜平行屋脊铺贴；坡度在3％～15％之间时，可平行或垂直屋脊铺贴；坡度大于15％或屋面有受震动情况，沥青防水卷材应垂直屋脊铺贴（高聚物改性沥青防水卷材和合成高分子防水卷材可平行或垂直屋脊铺贴）。坡度大于25％时，应采取防止卷材下滑的固定措施。

2）当铺贴连续多跨的屋面卷材时，应按先高跨后低跨，先远后近的顺序。对同一坡度，则应先铺好落水口、天沟、女儿墙、沉降缝部位，特别应先做好泛水，然后顺序铺设大屋面的防水层。

（2）高聚物改性沥青防水卷材施工技术要求和方法。它包括以下几个方面：

1）根据高聚物改性沥青防水卷材的特性，其施工方法有热熔法、冷粘法和自粘法三种。现阶段使用最多的是热熔法。

2）热熔法施工是采用火焰加热器熔化热熔型防水卷材底面的热熔胶进行粘结的施工方法。操作时，火焰喷嘴与卷材底面的距离应适中；幅宽内加热应均匀，以卷材底面沥青熔融至光亮黑色为度，不得过分加热或烧穿卷材；卷材底面热熔后应立即滚贴，并进行排汽、辊压粘结、刮封接口等工序。采用条粘法施工，每幅卷材两边的粘贴宽度不得小于 150mm。

3）冷粘法（冷施工）是采用胶粘剂或冷玛碲脂进行卷材与基层、卷材与卷材的粘结，而不需要加热施工的方法。

4）自粘法是采用带有自粘胶的防水卷材，不用热施工，也不需要涂刷胶结材料而进行粘结的施工方法。

（3）高分子防水卷材施工。合成高分子防水卷材的铺贴方法有：冷粘法、自粘法和热风焊接法。目前国内采用最多的是冷粘法。

第五节　熟悉工程项目管理的基本知识

1. 施工项目管理的内容有哪些？

答：施工项目管理的内容包括如下几个方面。

（1）建立施工项目管理组织

①由企业采用适当的方式选聘称职的项目经理。②根据施工项目组织原则，采用适当的组织方式，组建施工项目管理机构，明确责任、权限和义务。③在遵守企业规章制度的前提下，根据施工管理的需要，制定施工项目管理制度。

（2）编制项目施工管理规划

施工项目管理规划包括如下内容：①进行工程项目分解，形成施工对象分解体系，以便确定阶段性控制目标，从局部到整

93

体地进行施工活动和进行施工项目管理。②建立施工项目管理工作体系，绘制施工项目管理工作体系图和施工项目管理工作信息流程图。③编制施工管理规划，确定管理点，形成文件，以利执行。

（3）进行施工项目的目标控制

实现各项目标是施工管理的目的所在。施工项目的控制目标有进度控制目标、质量控制目标、成本控制目标、安全控制目标等。

（4）对施工项目施工现场的生产要素进行优化配置和动态管理

生产要素管理的内容包括：①分析各项生产要素的特点。②按照一定的原则、方法对施工项目生产要素进行优化配置，并对配置状况进行评价。③对施工项目的各项生产要素进行动态管理。

（5）施工项目的合同管理

在市场经济条件下，合同管理是施工项目管理的主要内容，是企业实现项目工程施工目标的主要途径。依法经营的重要组成部分就是按施工合同约定履行义务、承担责任、享有权利。

（6）施工项目的信息管理

施工项目信息管理是一项复杂的现代化管理活动，施工的目标控制、动态管理更要依靠大量的信息及大量的信息管理来实现。

（7）组织协调

组织协调是指以一定的组织形式、手段和方法，对项目管理中产生的关系不畅进行疏通，对产生的干扰和障碍予以排除的活动。协调与控制的最终目标是确保项目施工目标的实现。

2. 施工项目管理的组织任务有哪些？

答：施工项目管理的组织任务主要包括：

（1）合同管理。通过行之有效的合同管理来实现项目施工的目标。

（2）组织协调

组织协调是管理的技能和艺术，也是实现项目目标不可缺少的方法和手段。它包括与外部环境之间的协调，项目参与单位之间的协调和项目参与单位内部的协调等三种类型。

（3）目标控制

施工项目目标控制是施工项目管理的重要职能，它是指项目管理人员在不断变化的动态环境中为确保既定规划目标的实现而进行的一系列检查和调整活动。其任务是在项目施工阶段采用计划、组织、协调手段，从组织、技术、经济、合同等方面采取措施，确保项目目标的实现。

（4）风险管理

风险管理是一个确定和度量项目风险及制定、选择和管理风险应对方案的过程。其目的是通过风险分析减少项目施工过程中的不确定因素，使决策更科学，保证项目的顺利实施，更好地实现项目的质量、进度和投资目标。

（5）信息管理

信息管理是施工项目管理中的基础性工作之一，是实现项目目标控制的保证。它是对施工项目的各类信息收集、储存、加工整理、传递及使用等一系列工作的总称。

（6）环境保护

环境保护是施工企业项目管理重要内容，是项目目标的重要组成部分。

3. 施工项目目标控制的任务包括哪些内容？

答：施工项目包括成本目标、进度目标、质量目标等三大目标。目标控制的任务包括使工程项目不超过合同约定的成本额度；保证在没有特殊事件发生和不改变成本投入、不降低质量标准的情况下按期完成；在投资不增加，工期不变化的情况下按合同约定的质量目标完成工程项目施工任务。

4. 施工项目目标控制的措施有哪些?

答：施工项目目标控制的措施有组织措施、技术措施、经济措施等。

（1）组织措施是指施工任务承包企业通过建立施工项目管理组织，建立健全施工项目管理制度，健全施工项目管理机构，进行确切和有效的组织和人员分工，通过合理的资源配置作为施工项目目标实现的基础性措施。

（2）技术措施是指施工管理组织通过一定的技术手段对施工过程中的各项任务通过合理划分，通过施工组织设计和施工进度计划安排，通过技术交底、工序检查指导、验收评定等手段确保施工任务实现的措施。

（3）经济措施是指施工管理组织通过一定程序对施工项目的各项经济投入的手段和措施。包括各种技术准备的投入、各种施工设施的投入、各种涉及管理人员施工操作人员的工资、奖金和福利待遇的提高等各种与项目施工有关的经济投入措施。

5. 施工现场管理的任务和内容各有哪些?

答：施工现场管理分为施工准备阶段的工作和施工阶段的工作两个不同阶段的管理工作。

（1）施工准备阶段的管理工作

它主要包括拆迁安置、清理障碍、平整场地、修建临时设施，架设临时供电线路、接通临时用水管线、组织材料机具进场，施工队伍进场安排等工作，这些工作虽然比较零碎，但头绪很多，需要协调和管理的组织层次和范围比较广，是对项目管理组织的一个考验。

（2）施工阶段的现场管理工作

此阶段现场管理工作头绪更多，施工参与各方人员的管理和协调，设备和器具，材料和零配件，生产运输车辆，地面、空间等都是现场管理的对象。为了有效进行现场管理，根本的一条就是要根据施工组织设计确定的现场平面图进行布置，需要调整变动时需要首先申请、协商、得到批准后方可变动，不能擅自变动，以免引起各部分主体之间的矛盾，以免造成违反消防安全、环境保护等方面的问题造成不必要的麻烦和损失。

对于节电、节水、用电安全、修建临时厕所及卫生设施等方面的管理工作，最好列入合同附则，有明确的约定，以便能有效进行管理，在安全、文明、卫生的条件下实现施工管理目标。

6. 施工资源管理的内容有哪些?

答：施工项目资源，也称施工项目生产要素，是指投入施工项目的劳动力、材料、机械设备、技术和资金等因素，它是施工项目管理的基本要素。施工项目管理实际上就是根据施工项目的目标、特点、施工条件，通过对生产要素的有效和有序地组织和管理项目，并实现最终目标。施工项目的计划和控制的各项工作最终都要落实到生产要素管理上。生产要素的管理对施工项目的质量、成本、进度和安全管理都有重要影响。

施工项目资源管理的内容包括以下几个方面：

（1）劳动力。施工项目中的劳动力，关键在使用，使用的关键在提高效率，提高效率的关键是如何调动职工的积极性，调动积极性的最有效途径是加强思想教育工作和利用行为科学的原理，从劳动力个人需要与行为的关系的观点出发，进行恰当的激励。

（2）材料。建筑施工现场使用的材料按其在生产中的作用可以分为主要材料、辅助材料、其他材料三类。施工项目材料管理的重点在现场、在使用、在节约、在核算。

（3）机械设备。施工项目的机械设备，主要是指作为大型工具使用的大、中、小型机械，既是固定资产，又是劳动手段。它的管理环节包括选择、使用、保养、维护、改造、更新。其关键在使用，使用的关键是提高机械效率，提高机械效率必须提高利用率和完好率。利用率的提高依靠人，完好率的提高在于保养与维修。

（4）技术。技术管理的四项任务是：①正确贯彻国家和行政主管部门的技术政策，贯彻上级对技术工作的指示与决定；②研究、认识和利用技术规律，科学地组织各项技术工作，充分发挥技术的作用；③确立正常的生产技术秩序，进行文明施工、以技术保证工程质量；④努力提高技术工作的经济效果，使技术与经济有机地结合。

(5) 资金。工程项目的资金是一种特殊的资源，是获得其他资源的基础，是所有项目活动的基础。资金管理有以下内容：编制资金计划，筹集资金，投入资金，使用资金，资金核算与分析。其重点是收入与支出问题。收支之差涉及核算、筹资、贷款、利息、利润、税收等问题。

7. 施工资源管理的任务有哪些?

答：施工资源管理的任务有以下几个方面：

(1) 确定资源类型及数量。具体包括：确定项目施工所学的各层次管理人员和各工种工人的数量；②确定项目施工所需的各种资源的品种、类型、规格和相应的数量；③确定项目施工所需的各种施工设施的定量需求；④确定项目所需的各种来源的资金的数量。

(2) 确定资源的分布计划。包括编制人员需求分配计划、编制物资需求分配计划、编制施工设备和设施需求分配计划、编制资金需求分配计划。在各项计划中，明确各种资源的需求在时间上的分配，以及相应的子项目或工程部位上的分配。

(3) 编制资源进度计划。它是按时间的供应计划，应重视项目对施工资源的需求情况和施工资源的供应条件而确定编制哪种资源进度计划。编制资源进度计划能合理地考虑施工资源的运用，这将有利于提高施工质量，降低施工成本加快施工进度。

(4) 施工资源进度计划的执行和动态调整。施工项目施工资源管理不能仅停留在确定和编制上述计划，在施工开始前和在施工过程中应落实和执行所编的有关资源管理的计划，并需要根据工程实际情况进行动态调整。

第二章 基础知识

第一节 建筑构造、建筑结构、建筑设备与 市政工程的基本知识

1. 房屋建筑装饰工程的作用有哪些？它们的作用和应具备的性能各有哪些？

答：一幢工业或民用建筑一般都是由基础、墙或柱、楼地层、楼梯、屋顶和门窗六大部分组成，如图2-1所示。各部分的作用如下。

（1）基础

它是建筑物最下部的承重构件，其作用是承受建筑物的全部荷载，并将这些荷载传给地基。因此，基础必须具有足够的强度，并能抵御地下各种有害因素的侵蚀。

（2）墙（或柱）

它是建筑物的承重构件和围护构件。作为承重构件的外墙同时抵御自然界各种因素对室内的侵袭；内墙主要起分隔作用及保证舒适环境的作用。框架和排架结构的建筑中，柱起承重作用，墙不仅起围护作用，同时在地震发生后作为抗震第二道防线可以协助框架和排架柱抵抗水平地震作用对房屋的影响。因此，要求墙体具有足够的强度及稳定性和保温、隔热、防水、防火、耐久及经济等性能。

（3）楼板层和地坪

楼板是水平方向的承重构件，按房间层高将整个建筑物沿水平方向分为若干层；楼板层承受家具、设备和人体荷载以及本身的自重，并将这些荷载传给墙和柱；同时对墙体起着水平支撑作

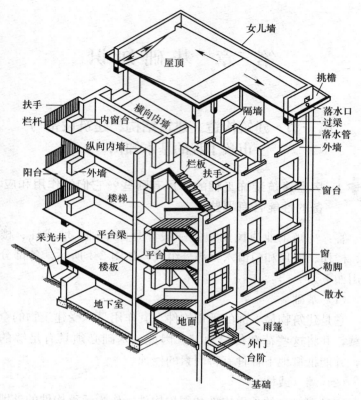

图 2-1　房屋的构造组成

用。因此，要求楼板层应具有足够的抗弯强度、刚度和隔声性能，对有水汽侵蚀的房间，还应具有防潮、防水的性能。

地坪是底层房间与地基土层相连的构件，起承受底部房间荷载和防潮、防水等作用。要求地坪具有耐磨、防潮、防水、防尘和保温等性能。

（4）楼梯

它是房屋建筑的垂直交通设施，供人们上下楼层和紧急疏散之用，故要求楼梯具有足够的通行能力，并具防滑、防火，能保证安全使用。

100

（5）屋顶

屋顶是建筑物顶部的围护和承重构件。能抵御风、雨、雪、霜、冰雹等的侵袭和太阳辐射热的影响；又能承受风雪荷载及施工、检修等屋面荷载，并将这些荷载传给墙或柱。故屋顶应具有足够的强度、刚度以及防水、保温、隔热等性能。

（6）门与窗

门与窗均属非承重构件，也称为配件。门主要是供人们出入房间，承担室内与室外联系和分隔房间之用；窗除了满足通风、采光、日照、造型等功要求能外，处于外墙上的门窗又是围护构件的一部分，要具有隔热、得热或散热的作用，某些特殊要求的房间，门、窗应具有隔声、防火性能。

建筑物除了以上六大组成部分外，对于不同功能的建筑物还可能有阳台、雨篷、台阶、排烟道等。

2. 砖基础、毛石基础、混凝土基础、钢筋混凝土独立基础、桩基础的组成特点各有哪些内容？

答：（1）砖基础、毛石基础、混凝土基础

它们均属于刚性基础，它们的共同点是：由刚性材料制作而成，刚性材料的特点是抗压强度高，而抗拉、抗剪强度较低。除以上几种刚性材料外，作为基础用刚性材料还包括灰土、三合土等。为了便于扩散上部荷载，满足地基允许承载力的要求，基底宽度一般大于上部墙宽，当基础很宽时，从墙边算起的出挑宽度就很大，由于刚性材料的抗弯、抗剪性能差，基础有可能因弯曲或剪切而破坏。为了防止基础受剪或受弯破坏，基础就必须具有足够的高度。通常刚性材料的受力特性，基础传力时只能在材料允许的范围内加以控制，这个控制范围的交角称为刚性角。砖石基础的刚性角控制在 $1:1.25\sim1:1.5$（$26°\sim33°$）以内。混凝土基础刚性角控制在 $1:1$（$45°$）以内。

（2）钢筋混凝土独立基础

它属于非刚性基础，它是在混凝土基础的底板内双向配置钢筋，依靠钢筋混凝土较大的受力性能满足受弯、受剪的性能要求。在基础高度相同的前提下它比混凝土基础要宽，地面面积要大许多，容易满足地基承载力的要求。这种基础也俗称为柔性基础。

（3）桩基础

它通常由桩尖、桩身和基础梁等部分组成，桩身可以由素混凝土和上段的钢筋混凝土构成，也可以是桩身全高配置钢筋笼的钢筋混凝土桩基础。它的施工在于选择合适的类型和成孔工艺。通常它用于埋深大于 5m 的深基础，它在地层内穿越深度大，端承桩的桩尖可以到达持力层，摩擦桩也需要足够的深度依靠桩身周围的摩擦阻力平衡上部传来的荷载。桩基础的特点是埋深大，施工难度大，不可预知的底层状况多发，造价相对较高，但其受力性能好，对上部结构受力满足的程度高，尤其适用于持力层埋深较大的情况。

3. 常见砌块墙体的构造有哪些内容？地下室的防潮与防水构造与做法各有哪些内容？

答：砌体尺寸较大，垂直缝砂浆不宜灌实，砌块之间粘结较差，因此砌筑时需要采取加固措施，以提高房屋的整体性。砌块建筑的构造要点如下：

（1）砌块建筑每层楼应加设圈梁，用以加强砌体的整体性

圈梁通常与过梁统一考虑，有现浇和预制圈梁两种作法。现浇圈梁整体性强，对加固墙身有利，但施工麻烦。为了减少现场支模的工序，可采用 U 形预制件，在槽内配置钢筋现浇混凝土形成圈梁。

（2）砌块墙的拼缝做法

砌块墙的拼缝有平缝、凹槽缝和高低缝。平缝制作简单，多用于水平缝；凹槽缝灌浆方便，多用于垂直缝，也可用于水平缝。缝宽视砌块尺寸而定，砂浆强度等级不低于 M15。

（3）砌块墙的通缝处理

当上下皮砌块出现通缝或错缝距离不足 150mm 时，应在水平缝处加双向直径 4mm 的钢筋织成的网片，使上下皮砌块被拉结成整体。

（4）砌块墙芯柱

采用混凝土空心砌块砌筑时，应在房屋的四大角、外墙转角、楼梯间四角设芯柱，芯柱内配置从基础到屋顶的两根直径 12mm 的 HPB300级钢筋，细石混凝土强度等级一般为 C15，将其填入砌块孔中。

（5）砌块墙外墙面

砌块墙的外墙面宜做饰面，也可采用带饰面的砌块，以提高砌块墙的防渗水能力和改善墙体的热工性能。

4. 现浇钢筋混凝土楼板、装配式楼板各有哪些特点和用途？

答：（1）现浇钢筋混凝土楼板

现浇钢筋混凝土楼板是在施工现场支模、绑扎钢筋、浇筑混凝土而成的楼板。它的特点是整体性好，在地震设防烈度高的地区具有明显的优势。对有管道穿过的房间、平面形状不规整的房间、尺寸不符合模数要求的房间和防水要求较高的房间都适合现浇钢筋混凝土楼板。现浇混凝土楼板可用在平板式楼盖、单向板肋梁楼盖、双向板楼盖、井字梁楼盖和无梁楼盖中。

（2）装配式楼板

装配式楼板是指在混凝土构件预制加工厂或施工现场外预先制作，然后运到工地现场安装的钢筋混凝土楼板。预制板的长度一般与房屋的开间或进深一致，板的宽度根据制作、吊装和运输条件以及有利于板的排列组合确定。板的截面尺寸须经结构计算确定。装配式预制楼板用于工程，具有施工速度快、质量稳定等特点，但是楼盖的整体性差，造价不比现浇楼板低，抗震性能差，在高烈度地区的多层房屋建筑和使用人数较多的学校、医院等公共建筑中不能使用。

5. 地下室的防潮与防水构造做法各是什么？

答：（1）地下室的防潮构造

当地下水的常年水位和最高水位均在地坪标高以下时，须在地下室外墙外面设垂直防潮层。其做法是在墙体外表面先抹一层 1 : 2.5 的水泥砂浆找平层，再涂一道冷底子油和两道热沥青；然后在外面回填低渗水土壤，如黏土、灰土等，并逐层夯实，土层宽度为 500mm 左右，以防地面雨水或其他地表水的影响。另外，地下室的所有墙体都应设两道水平防潮层，一道设在地下室地坪附近，另一道设在室外地坪以上 150~200mm 处，使整个地下室防潮层连成整体，以防地潮沿地下墙身或勒脚处进入室内，具体构造如图 2-2 所示。

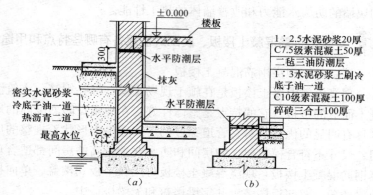

图 2-2   地下室的防潮处理

(a) 墙身防潮；(b) 地坪防潮

(2) 当设计最高水位高于地下室地坪时，地下室的外墙和底板都浸泡在水中，应对地下室进行防水处理。其方法有三种。

1) 沥青卷材防水

选用这种防水施工方案时，防水卷材的层数应按地下水的最大水头选用。最大水头小于 3m，卷材为 3 层；水头在 3~6m，卷材为 4 层；水头在 6~12m，卷材为 5 层；水头大于 12m，卷材为 6 层。

(a) 外防水。外防水是将防水层贴在地下室外墙的外表面，这对防水有利，但维修困难。它的构造要点是：先在墙外侧抹 1:3 的水泥砂浆找平层，并刷冷底子油一道，然后选定油毡层数，分层粘贴防水卷材，防水层须高出地下水位 500~1000mm 为宜。油毡防水层以上的地下室侧墙应抹水泥砂浆涂两道热沥青，直至室外散水处。垂直防水层外侧砌半砖厚的保护墙一道。

具体构造做法如图 2-3（a）所示

（b）内防水。内防水是将防水层贴在地下室外墙的内表面，这样施工方便，容易维修，但对防水不利，故常用于修缮工程。

地下室地坪的防水构造是先铺厚约 100mm 的浇混凝土垫层，再以选定的油毡层数在地坪垫层上做防水层，并在防水层上抹 20～30mm 厚的水泥砂浆保护层，以便于上面浇筑钢筋混凝土。具体构造做法如图 2-3（c）所示。

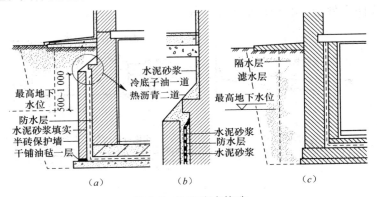

图 2-3　地下防水构造

（a）外防水；（b）墙身防水层收头处理；（c）内防水

2）防水混凝土防水

当地下室地坪和墙体均为钢筋混凝土时，应采用抗渗性能好的混凝土材料，常用的防水混凝土有普通混凝土和外加剂混凝土。普通混凝土主要是采用不同粒径的骨料进行级配，并提高混凝土中水泥砂浆的含量，使砂浆充满于骨料之间，从而填满因骨料间不密实而出现的渗水通路，以达到防水的目的。外加剂混凝土是在混凝土中掺入加气剂或密实剂，以提高混凝土的抗渗能力。

3）弹性材料防水

随着新型高分子防水材料的不断涌现，地下室的防水构造也在不断更新，如我国现阶段使用的三元乙丙橡胶卷材，能充分适应防水基层的伸缩及开裂变形，拉伸强度高，拉断延伸率大，能承受一定的冲击荷载，是耐久性很好的弹性卷材；又如聚氨酯涂膜防水材料，有利于形成完整的防水涂层，对建筑内有管道、转折和高差等特殊部位的防水处理极为有利。

6. 坡道及台阶的一般构造各有哪些主要内容？

答：（1）坡道构造

坡道材料常见的有混凝土或石块等，面层以水泥砂浆居多，对经常处于潮湿、坡度较陡或采用水磨石作面层的，其表面必须作防滑处理，其构造如图 2-4 所示。

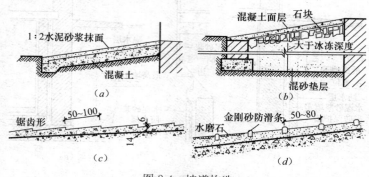

图 2-4　坡道构造

（2）室外台阶的构造

室外台阶的平台与室内地坪有一定的高差，一般为 40～50mm，而且表面向外倾斜，以免雨水流入室内。台阶构造与地坪构造相似，由面层和结构层组成，结构层材料应采用抗冻、抗水性能好且质地坚实的材料，常见的台阶基础有就地砌造、勒脚挑出、桥式三种。台阶踏步有砖砌踏步、混凝土踏步、钢筋混凝土踏步、石踏步四种。高度在 1m 以上的台阶需考虑设置栏杆或栏板。

7. 平屋顶常见的保温与隔热方式有哪几种？

答：（1）平屋顶的保温

在寒冷地区或有空调设备的建筑中，屋顶应作保温处理，以减少室内热损失，保证房屋的正常使用并降低能源消耗。保温构造处理的方法通常是在屋顶中增设保温层。油毡平屋顶保温构造作法如图 2-5 所示。

（2）坡屋顶的隔热

在气候炎热地区，夏季太阳辐射热使屋顶温度剧烈升高，为了减少传进室内的热量和降低室内的温度，屋顶应该采取隔热降温措施。屋顶隔热通常包括通风隔热屋面、蓄水隔热屋面、种植隔热屋面以及反射隔热屋面等。

通风隔热屋面。它通常包括架空隔热屋面（图 2-6）和顶棚通风隔热屋面（图 2-7）。

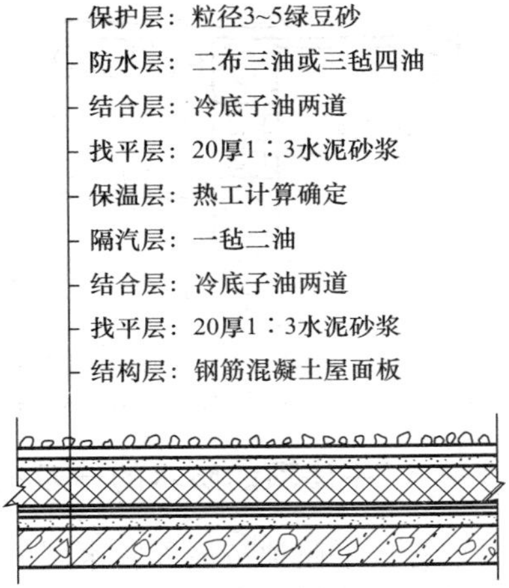

保护层：粒径3~5绿豆砂
防水层：二布三油或三毡四油
结合层：冷底子油两道
找平层：20厚1∶3水泥砂浆
保温层：热工计算确定
隔汽层：一毡二油
结合层：冷底子油两道
找平层：20厚1∶3水泥砂浆
结构层：钢筋混凝土屋面板

图 2-5　油毡平屋顶保温构造作法

由于蓄水隔热屋面、种植隔热屋面及反射隔热屋面使用较少，此处从略。

600
600
600
(a)
400
400
(b)
500
500
(c)
500
500
(d)
1600
1600
(e)
1500
1500
(f)

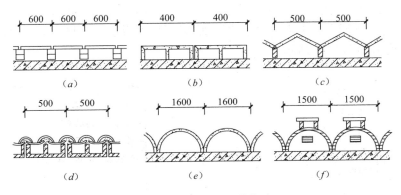

图 2-6　屋面架空隔热构造

（*a*）架空预制板（或大阶砖）；（*b*）架空混凝土山形板；（*c*）架空钢丝网水泥折板；（*d*）倒槽板上铺小青瓦；（*e*）钢筋混凝土半圆拱；（*f*）1/4 厚砖拱

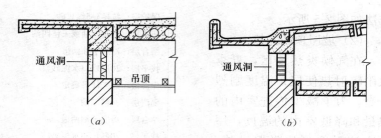

图 2-7　顶棚通风隔热构造

(a) 吊顶通风层；(b) 双槽板通风层

8. 平屋顶的防水的一般构造有哪几种？

答：平屋顶按屋面防水层的不同分为刚性防水屋面、卷材防水屋面、涂料防水屋面及粉剂防水屋面等。

（1）卷材防水屋面

卷材防水屋面是指以防水卷材和粘结剂分层粘贴而构成防水层的屋面。卷材防水屋面所用的卷材包括沥青类卷材、高分子卷材、高聚物类改性沥青卷材等。卷材防水的基本构造如图 2-8 所示。常用的油毡沥青卷材如图 2-9 所示。不上人卷材防水屋面如图 2-10 所示；上人卷材防水屋面如图 2-11 所示。卷材屋面防水构造如图 2-12 所示。

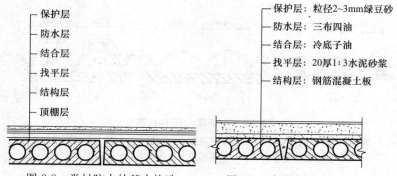

图 2-8　卷材防水的基本构造　　图 2-9　常用的油毡沥青卷材

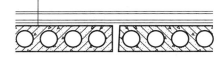

保护层：*a*.粒径3~5mm绿豆砂（普通油毡）
　　　　b.粒径1.5~2mm石粒或砂粒（SBS油毡自带）
　　　　c.氯丁银粉胶、乙丙橡胶的甲苯溶液加铝粉
防水层：*a*.普通沥青油毡卷材（三毡四油）
　　　　b.高聚物改性沥青防水卷材（如SBS改性沥青卷材）
　　　　c.合成高分子防水卷材
结合层：*a*.冷底子油
　　　　b.配套基层及卷材胶粘剂
找平层：20厚1：3水泥砂浆
找坡层：按需要而设（如1：8水泥炉渣）
结构层：钢筋混凝土板

图 2-10　不上人卷材防水屋面

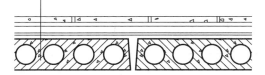

保护层：*a*.20厚1：3水泥砂浆粘贴400mm×400mm×30mm
　　　　　预制混凝土块
　　　　b.现浇40厚C20细石混凝土
　　　　c.缸砖（2~5厚玛琋脂结合层）
防水层：*a*.普通沥青油毡卷材（三毡四油）
　　　　b.高聚物改性沥青防水卷材（如SBS改性沥青卷材）
　　　　b.合成高分子防水卷材
结合层：*a*.冷底子油
　　　　b.配套基层及卷材胶粘剂
找平层：20厚1：3水泥砂浆
找坡层：按需要而设（1：8水泥炉渣）
结构层：钢筋混凝土板

图 2-11　上人卷材防水屋面

（2）刚性防水屋面

刚性防水屋面是指以刚性材料作为防水层（如防水砂浆、细石混凝土、配筋细石混凝土等）的屋面。常用的混凝土刚性防水

109

层屋面做法如图 2-13 所示。

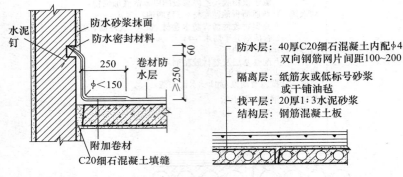

图 2-12 卷材防水屋面泛水构造　　图 2-13 混凝土刚性防水层屋面做法

（3）涂膜防水屋面

涂膜防水屋面也叫做涂料防水屋面，它是指用可塑性和粘结力较强的高分子防水涂料直接涂刷在屋面基层上形成一层不透水的薄膜层以达到防水目的的一种屋面做法。涂膜防水屋面构造层次及常用做法如图 2-14 所示。

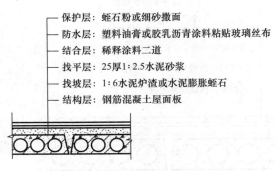

图 2-14 涂膜防水屋面构造层次及常用做法

9. 屋面变形缝的作用是什么？它的构造做法是什么？

答：屋面变形缝的主要作用就是防止由于屋面过长和屋面形状过于复杂而在热胀冷缩影响下产生的不规则破坏，将可能发生的变形集中留在缝内。

屋面变形缝的构造处理原则是既不能影响屋面的变形，又要防止雨水从变形缝处渗入室内。

屋面变形缝按建筑设计可设在同层等高屋面上，也可设在高低屋面的交接处。

等高屋面的构造做法是：在缝两边的屋面上砌筑矮墙，以挡住屋面雨水。矮墙的高度不小于250mm，半砖厚。屋面卷材防水层与矮墙的连接处理类同于泛水构造，缝内嵌填沥青麻丝。矮墙顶部用镀锌铁皮盖缝，也可铺一层卷材后用混凝土盖板压顶，如图2-15所示。

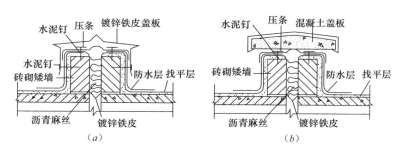

图2-15 等高屋面变形缝

高低屋面变形缝则是在低侧屋面板上砌筑矮墙，当变形缝宽度较小时，可用镀锌铁皮盖缝并固定在高侧墙上，做法同泛水构造；也可从高侧墙上悬挑钢筋混凝土盖板，如图2-16所示。

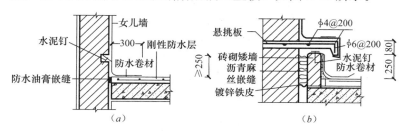

图2-16 高低屋面变形缝泛水

（a）女儿墙泛水；（b）高低屋面变形缝泛水

10. 排架结构单层厂房结构一般由哪些部分组成？

答：单层工业厂房的结构体系主要由屋盖结构、柱和基础三大部分组成。单层工业厂房的结构组成如图 2-17 所示。

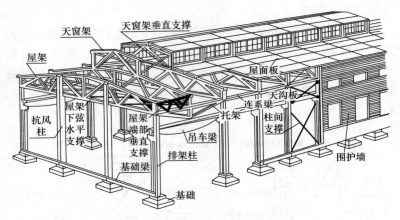

图 2-17　单层工业厂房结构组成

11. 钢筋混凝土受弯、受压和受扭构件的受力特点、配筋有哪些种类？

答：（1）钢筋混凝土受弯

钢筋混凝土受弯构件是指支撑在房屋结构竖向承重构件柱、墙上的梁和以梁或墙为支座的板类构件。它在上部荷载作用下各截面承受弯矩和剪力的作用，发生弯曲和剪切变形，承受主拉应力影响，简支梁的梁板跨中、连续梁的支座和跨间承受最大弯矩作用，梁的支座两侧承受最大剪力影响。

板内配筋主要有根据弯矩最大截面计算所配置的受力钢筋和为了固定受力钢筋在其内侧垂直方向所配置的分布钢筋；其次，在板角和沿墙板的上表面配置的构造钢筋，在连续支座上部配置的抵抗支座边缘负弯矩的弯起式钢筋或分离式钢筋等。

梁内钢筋通常包括纵向受力钢筋、箍筋、架立筋、箍筋等；

在梁的腹板高度大于 450mm 时梁中部箍筋内侧沿高度方向对称配置的构造钢筋和拉结筋等。

（2）钢筋混凝土受压构件

钢筋混凝土受压构件是指房屋结构中以柱、屋架中受压腹杆和弦杆等为代表的承受轴向压力为主的构件。根据轴向力是否沿构件纵向形心轴作用可分为轴心受压构件和偏心受压构件。

受压构件中的钢筋主要包括纵向受力钢筋、箍筋两类。

（3）钢筋混凝土受扭构件

钢筋混凝土受扭构件是指构件截面除了受到其他内力影响还同时受到扭矩影响的构件。如框架边梁在跨中垂直梁纵向的梁端弯矩影响下受扭，雨篷梁、悬挑阳台梁、折线梁等都是受扭构件。

受扭构件通常会同时受到弯矩和剪力的作用，它的钢筋包括了纵向钢筋和箍筋两类。受扭构件的纵向钢筋是由受弯纵筋和受扭纵筋配筋值合起来通盘考虑配置的，其中截面受拉区和受压区的配筋是两部分之和，中部对称配置的是受扭钢筋。箍筋也是受剪箍筋和受扭箍筋二者之和配置的结果。

12. 现浇钢筋混凝土肋形楼盖由哪几部分组成？各自的受力特点是什么？

答：现浇钢筋混凝土肋形楼盖由板、次梁和主梁三部分组成。

现浇钢筋混凝土肋形楼盖中的板的主要受力边与次梁上部相连，非主要受力边与主梁上部相连，它以次梁为支座并向其传递楼面荷载和自重等产生的线荷载，一般是单向受力板。

现浇钢筋混凝土肋形楼盖中次梁通常与主梁垂直相交，以主梁和两端墙体为支座，并向其支座传递集中荷载。主梁承受包括自重等在内的全部楼盖的荷载，并将其以集中荷载的形式传给了它自身支座柱和两端的墙。现浇钢筋混凝土肋形楼盖荷载的传递线路为板→次梁→主梁→柱（或墙）。板主要承受跨内和支座上部的弯矩作用；次梁和主梁除承受跨间和支座截面的弯矩作用外，还要承受支座截面剪力的作用。主次梁交接处主梁还要承受次梁传来的集中竖向荷载产生的局部压力形成的主拉应力引起的高度在次梁下部的"八"字形裂缝。

13. 钢筋混凝土框架结构按制作工艺分为哪几类？ 各自的特点和施工工序是什么？

答：钢筋混凝土框架结构按施工工艺不同分为全现浇框架、半现浇框架、装配整体式框架和全装配式框架四类。

（1）全现浇框架

全现浇框架是指作为框架结构的板、梁和柱整体浇筑成为整体的框架结构。它的特点是整体性好、抗震性能好，建筑平面布置灵活，能比较好地满足使用功能要求；但由于施工工序多，质量难以控制，工期长、需要的模板量大，建筑成本高，在北方地区冬期施工成本高、质量较难控制。它的主要工序是绑扎柱内钢筋，经检验合格后支柱模板；支楼面梁和板的模板、绑扎楼面梁和板的钢筋，经检验合格后浇筑柱梁板的混凝土并养护；逐层类推完成主体框架施工。

（2）半现浇框架

半现浇框架是柱预制、承重梁和连续梁现浇、板预制，或柱和承重梁现浇、板和连系梁预制，组装成型的框架结构。它的特点是节点构造简单、整体性好；比全现浇框架结构节约模板，比装配式框架节约水泥，经济性能较好。它的主要施工工序是先绑扎柱钢筋，经检验合格后支模；接着绑扎框架承重梁和连系梁的钢筋，经检验合格后支模板，然后浇筑混凝土；等现浇梁柱混凝土达到设计规定的值后，铺设预应力混凝土预制板，并按构造要求灌缝，做好细部处理工作。

（3）装配整体式框架

它是指在装配式框架或半现浇框架的基础上，为了提高原框架的整体性，对楼屋面采用后浇叠合层，使之形成整体，以达到改善楼盖整体性的框架结构形式。它的特点是具有装配式框架施工进度快也具有现浇框架整体性好的双重优点，在地震低烈度区应用较为广泛。它的主要施工工序是在现场吊装梁、柱，浇筑节点混凝土形成框架，或现场现浇混凝土框架梁、柱，在混凝土达到设计规定的强度值后，开始铺设预应力混凝土空心板，然后在楼屋面浇筑后浇钢筋混凝土整体面层。

（4）装配式框架

它是指框架结构中的梁、板、柱均为预制构件，通过施工现场组装所形成的拼装框架结构。它的主要特点是构件设计定型化、生产标准化、施工机械化程度高，与全现浇框架相比节约模板、施工进度快、节约劳动力、成本相对较低。但整体性差、接头多，预埋件多、焊接节点多，耗钢量大，层数多、高度大的结构吊装难度和费用都会增加，由于其整体性差的缺点，在大多数情况下已不再使用。它的主要工序包括现场吊装框架柱和梁并就位、支撑，焊接梁和柱连接节点处的钢筋，后浇节点混凝土形成装配式框架结构。

14. 砌体结构的特点是什么？怎样改善砌体结构的抗震性能？

答：砌体结构是块材和砂浆砌筑的墙、柱作为建筑物主要受力构件的结构。是砖砌体、砌块砌体和石砌体结构的统称。砌体材料包括块材和砂浆两部分，块材和硬化后的砂浆所形成的灰缝均为脆性材料，抗压强度较高，抗拉强度较低。黏土砖是砌体结构中的主要块材，生产工艺简单、砌筑时便于操作、强度较高、价格较低廉，所以使用量很大。但是由于生产黏土砖消耗黏土的量大、毁坏农田、与农业争地的矛盾突出，焙烧时造成的大气污染等对国家可持续发展构成负面影响，除在广大农村和城镇大量使用以外，大中城市已不允许建设隔热保温性能差的实心砖砌体房屋。空心砖相对于实心砖具有强度不降低、重量轻、制坯时消耗的黏土量少、可有效节约农田，节约烧制时的燃料、施工时劳动强度低和生产效率高、在墙体中使用隔热保温性能良好等特点，所以，它可作为实心黏土砖的最好的替代品。水泥砂浆是其他结构的主要用料。水泥和砖各地都有生产，所以砌体材料便于就地取材，砌体结构价格低廉。但砌体结构所用材料是脆性的，所以结构整体延性差，抗震能力不足。

通过限制不同烈度区房屋总高和层数的做法减少震害，通过对结构体系的改进和淘汰减少震害，通过对材料强度限定确保结构受力性能，通过采取设置圈梁、构造柱、配置墙体拉结钢筋、明确施工工艺、完善结构体系和对设计中各个具体和局部尺寸的限制等一系列方法和思路提高其抗震性能。

15. 什么是震级？什么是地震烈度？它们有什么联系和区别？

答：震级是一次地震释放能量大小的尺度，每次地震只有一个震级，世界上使用里克特震级来定义地震的强烈程度。震级越高地震造成的破坏作用越大，同一地区的烈度值就越高。

烈度是某地遭受一次特定地震后地表、地面建筑物和构筑物所遭受到影响和破坏的强烈程度。也就是某次地震所造成的影响大小的程度。特定的某次地震在不同震中距处造成的烈度可能不同，也可能在相同震中距处造成明显不同的烈度，这主要是烈度与地质地貌条件有关，也与建筑物和构筑物自身的设计施工质量和房屋的综合抗震能力有关。即一次地震可能有好多个烈度。

震级和烈度是正向相关关系，震级越大，烈度就越高；但是每次地震只有一个震级，但可能在不同地区或在同一地区产生不同的烈度；震级是地震释放能量大小的判定尺度，而烈度则是地震在地表上所造成后果的严重性的判定尺度，二者有联系但不是同一个概念。

16. 什么是抗震设防？抗震设防的目标是什么？怎样才能实现抗震设防目标？

答：抗震设防是指在建筑物和结构物等设计和施工过程中，

为了实现抗震减灾目标，所采取的一系列政策性、技术性、经济性措施和手段的通称。

抗震设防的目标是：

（1）当遭受低于本地区基本烈度的多遇地震影响时，一般不受损坏或不需修理可以继续使用。

（2）当遭受相当本地区基本烈度的地震影响时，可能损坏，经一般修理或不需修理仍可继续使用。

（3）当遭受高于本地区基本烈度预估的罕遇地震影响时，不致倒塌或发生危及生命的严重破坏。概括起来就是俗称的"小震不坏、中震可修，大震不倒"，并且最终的落脚点是大震不倒。

要实现抗震设防目标必须从以下几个方面着手：①从设计入手，严格遵循国家抗震设计的有关规定、规程和抗震规范的要求，从源头上设计出满足抗震要求的高质量合格的建筑作品。②施工阶段要严格质量把关和质量验收，切实执行设计文件和图纸的要求，从材料使用、工艺工序等环节着手严把质量关，切实实现设计意图，用高质量的施工保证抗震设防目标的实现。

17. 钢结构的特点有哪些？

答：钢结构的特点包括：

（1）优点

钢结构与混凝土结构和砌体结构相比具有以下优点：

1）强度高。由于钢材强度远高于混凝土和砌体材料的强度，同等条件下钢结构自重轻，所以钢结构构件可以跨越较大的空间，对下部结构产生的重力荷载小，减轻了基础的负荷，用于基础的造价就会降低。

2）材质均匀，接近各向同性材料。钢材内部几乎是完全密实的各向同性材料，在一定的受力范围内处在理想的工作状态，符合工程力学的基本假定，用力学原理和方法计算的结果与实际情况的符合程度高，工程实践中直接应用力学计算结构可靠性高。

3）塑性和韧性好。钢材的极限应变远大于混凝土和砌体材料的极限应变，钢材的塑性远远大于混凝土和砌体材料的塑性，正是由于这个原因，在各种超常规情况（如特大地震、强烈台风和剧烈爆炸）出现后，钢结构不会发生脆性破坏，在受力变形过程中依靠塑性变形吸收并耗散大量的外加变形能，塑性和韧性好这一特性，使钢结构能有效抵御极端事件引发的强烈破坏作用。

4）构件、结构生产和加工机械化程度高。钢结构中所用的钢板、管钢、型钢为工厂生产的产品，自身质量有充分保证，构件的加工和小型构件之间的连接可在专业的钢结构构件加工厂生产完成，对于大型不便于运输的构件和结构，可在工厂进行各组成部分的加工，然后运输到施工现场拼接组装完成，构件和结构组装和拼接专业化程度高，所以不仅生产质量可以得到有效保证，而且生产效率高，施工进度快，施工周期短，结构投入使用早，投资效益高。

5）钢结构拆卸方便，便于重复使用。用钢结构可以修建重复使用、便于拆卸和经常移动的结构，以减少运移成本和加工费用。到达设计使用年限以后的钢结构可以拆卸，钢材回炉重新轧制后可以重复使用，符合环保节能和可持续发展的思路。

6）密闭性好。在实用中根据钢结构密封性好特点，可用焊接的钢结构密闭容器作为储气库、储液库和其他高压容器等。

（2）钢结构的缺点

1）耐腐性差。由于钢材具有易锈蚀的特性，在一般环境条件下会随时间延续发生不同程度的锈蚀，在潮湿或有腐蚀性介质存在的环境腐蚀更加严重。

2）耐火性能差。钢材耐热性能好但耐火性能差。钢材在200℃以下性能没有明显变化，但当钢材温度升高至200℃以上时，随着温度的升高其强度和弹性模量将下降，到700℃以上将丧失承载能力。在高温环境工作的钢结构构件或在使用过程中有可能受到火灾影响的钢结构构件，在设计和施工时就应预先采取有效的防护措施，用耐火砖对柱类构件作隔热层，对屋架等局部可改用钢筋混凝土屋架等。

3）经济性能差。由于钢材成本高、维护费用定期发生，所以钢结构成本相对混凝土结构和砌体结构会明显上升，这是钢结构不能很快得到普及的主要原因之一。其次，国民经济的各个领域对钢材需求量都很大，大量兴建钢结构房屋建筑，势必造成钢材供求关系改变，进一步助推钢结构用钢价格的上升。

18. 钢结构的应用范围有哪些？

答：钢结构的应用范围包括：

（1）重型工业厂房

在跨度较大工业厂房或高度较高的工业厂房中，由于厂房排架体系受到的荷载较大，为了减轻结构自重、满足受力和变形要求，通常采用强度高、塑性好、韧性强的钢结构。如冶金、重型机械、造船、重大设备加工的厂房等一般采用钢结构厂房。

（2）大跨结构

由于钢材具有强度高、重量轻等优点，所以，制作的屋盖体系可以跨越很大的空间，因此，大跨结构的工业与民用建筑多采用钢结构。如大型公共建筑的屋顶结构、飞机库、展览大厅、体育场（馆）、大会堂等的穹顶等通常采用钢结构体系。

（3）高层建筑

高层建筑由于竖向荷载和水平风荷载都很大，采用钢筋混凝土结构会造成下部若干层墙、柱等受力构件截面积太大，影响房屋正常使用，全楼采用混凝土结构时房屋自重过大也会造成施工困难、抗震性能下降。对于特别高的建筑一般下部若干层采用钢筋混凝土结构，其余上部若干层采用钢结构以减轻结构自重。

（4）轻型钢结构

屋面荷载轻、跨度小的房屋的屋盖常采用冷弯薄壁钢结构或由小角钢焊接成的轻型钢屋架，既方便又经济实惠。

除以上所述的情况外，钢结构广泛用于构筑物中，如桥梁结构、板壳结构、高耸的塔桅结构、移动结构，它们属于构筑物的范畴，在国民经济的各行各业中应用较为广泛。

钢结构在工程实践中的基本应用形式包括：

（1）平面受力体系

在需要较大跨度的厂房、展览馆大厅和库房等建筑中，采用平面屋架、两铰刚架、三铰桁架拱、两铰桁架拱等结构受力体系。

（2）空间受力体系

在需要建造平面或曲面屋盖系统时，由杆件和其他形式的基本构件组合成的跨度和宽度均较大的空间受力结构形式，由于屋盖或大穹顶自身空间高度增加，杆件受力减少，体系受力合理，结构自重减轻等优点，广泛用于体育场（馆）、大会堂、展览馆等的穹顶。

（3）框架受力体系

在经济条件许可和钢材性能可以满足环境要求的情况下，采用钢结构框架体系建造多层工业或民用建筑，在我国也是近若干年兴起的建筑类型之一，它具有长远的发展空间。

（4）筒体结构

建造空间刚架式的筒体钢结构，可以提高结构空间整体性，提高房屋空间刚度，这种形式广泛用于框架筒体、筒中筒、桁架筒体结构中。

19. 建筑给水和排水系统怎样分类？常用器材如何选用？

答：（1）建筑给水系统

1）生活给水系统：供给人们生活用水的系统，水量、水压应满足要求，水质必须符合国家有关生活饮用水卫生标准。

2）生产给水系统：供给各类产品制造过程中所需用水及冷却、产品和原料洗涤等用水，其水质、水压、水量因产品种类、生产工艺不同而不同。

3）消防给水系统：一般是专用的给水系统，其对水质要求不高，但必须满足建筑设计防火规范对水量和水压的要求。

（2）建筑给水方式

1）直接给水

室外管网的水直接进入室内管网。当室外给水管网的压力和水量能满足室内用水要求时，应采用这种简单，经济的给水方式。

这种给水方式有时需设置水箱来调节。采用水箱时应注意水箱中水的污染防治问题。

2）间接给水

室外管网的水通过水箱或者升压设备后进入室内管网的，用水的压力和流量基本不受给水管网的影响。间接给水又分为以下几种方式：

① 设水箱的给水方式；

② 设水泵的给水方式；

③ 设水泵-水箱的给水方式；

④ 设气压给水设备的给水方式。

3）分区给水

高层建筑层数多，高度大，在竖向上必须分为几个区，否则会因低层管道中静水压力过大，造成管道及附件漏水、低层出水流量大、产生噪声等不利影响，严重时会损坏阀门、管道爆裂。需要说明的是分区给水属于间接给水。

（3）排水系统的分类

建筑排水系统按其排放的性质可分为生活污水、生产废水、雨水三类排水系统，也可以根据污水的性质和城市排水制度的状况，将性质相近的生活与生产废水合流。当性质相差较大时，不能采用合流制。

（4）建筑排水系统的组成

排水系统力求简短，安装正确牢固，不渗不漏，使管道运行正常。排水系统由卫生器具、排水管道、清通设备、抽升设备、通气管道系统以及局部污水处理系统组成。

1）卫生器具：卫生器具是建筑内部排水系统的起点，用来满足日常生活和生产过程中各种卫生要求，收集和排除污废水的设备。包括洗脸盆、洗手盆、洗衣盆、洗菜盆、浴盆、地漏等。

2）排水管道：由连接卫生器具的排水管、横支管、立管、排水管以及总干管组成。

3）清通设备：排水管道上的清通设备有检查井、清扫口和地面扫除口。室外管的清通设备是检查井。清通设备主要作为疏通排水管道之用。

4）抽升设备：当排水不能以重力流排至室外排水管时，必须设置局部污水抽升设备来排除内部污水。常用的抽升设备有污水泵、潜水泵、喷射泵、手摇泵及气压输水器等。

5）通气管道系统：通气管道是与排水管系相连通的一个系统，只是该管系内不通水，有补给空气加强排水管系内气流循环流动从而控制压力变化的功能，防止卫生器具水封破坏，使管道系统中散发的臭气和有害气体排到大气中去。

6）局部污水处理系统：当建筑内部污水未经处理不允许直接排入市政排水管网或水体时，须设污水局部处理系统。

20. 建筑电气工程怎样分类？

答：按供电特性一般的建筑电气工程分强电和弱电。

强电包括高低压系统图、配电平面图、照明平面图、防雷接地平面图、电缆配置等；弱电包括监控自控以及设备等的详细控制线路。

按电气工程在空间的位置关系可分为室外工程、室内工程。

室外工程一般分为高低压配电、电缆、电缆沟等；室内工程一般分为配电箱、电线或电缆、电气设备等。

21. 家庭供暖系统怎样分类？

答：家庭供暖系统包括很多环节，选择哪种供暖系统是第一步，只有明确了家庭供暖方式我们才能有针对性地选购产品，寻找可靠专业的安装公司。目前主流家庭供暖系统主要有水地暖、电地暖和暖气片，这三种家庭供暖系统都有各自的优势，根据自身的习惯用户可以选择适合自己的供暖系统。

（1）水地暖系统

水地暖又称为低温地面辐射供暖系统，水地暖的供暖方式被公认是目前舒适度最高的供暖方式。水地暖施工地面需要抬高5~7cm（不包括地面装修材料）；供暖水温不超过60℃（欧洲标准为45℃），升温时间长需要连续开启；不能使用需要架设龙骨的地板或实木地板；地面覆盖物尽量少，特别适合挑高空间或者大开阔区域；一定注意需要连续开启使用，即开即用的使用方式不适合采用地暖系统。

（2）暖气片供暖系统

暖气片供暖系统：这是目前世界上使用得最多的供暖系统，尤其是在欧洲。暖气片供暖系统主要特点与注意事项：地面不占用层高但是需要占用墙面空间；供暖水温75℃；各个区域能非常灵活的独立控制开关；升温迅速适合间歇式使用方式；对地面装修材料无要求。严格意义上来说，暖气片供暖系统更加适合长江流域的冬季气候特点，间歇式的使用方式更加节能。

（3）电地暖

电地暖是将发热电缆埋设在地板中，以发热电缆为热源加热地板，供室内温度。发热电缆地面供暖的特点与注意事项：非常适合小面积的地面供暖需求；大面积使用投入成本与运行费用都要高于燃气系统（供暖面积50m² 一般可以视作临界点：低于50m² 建议选择发热电缆，超过则建议使用燃气水系统）；家庭只能使用双导线；地面需要抬高；电能是二次能源，在使用成本上来说高于一次能源类系统。

这三种家庭供暖系统使用率都很广，没有谁好谁坏之分，而且这三种供暖方式彼此并不冲突，可以采用混装模式，同时安装这三种家庭供暖。在很多舒适家居系统工程中都采用了混装的供暖方式，这样可以根据自身的需要开启合适的供暖系统，更加节能方便。

暖气散热器的选择：面积小的空间，例如卫生间，可以选择柱式散热器，可节省室内空间，且横柱上还可挂毛巾或烘烤小件衣物；对于面积较大的居室，则建议购买板式散热器。供暖分类：若是集中供暖，选择就比较多，钢制和铜铝的散热器都可以；独立供暖的家最好选择铜铝复合散热器。钢制散热器：外形美观，但怕氧化，停水时一定要充水密封。并且其对小区的供暖系统有一定要求，需专业人员上门查看。铝制散热器：不受小区供暖系统的限制，散热性较好，节能；若发现室内温度不够，还可以在供暖季之后加装暖气片。但铝材料怕碱水腐蚀，进行内防腐处理可提高使用寿命。铜铝复合散热器：承压能力高，散热效果好，防腐效果好，供暖季过后无须满水保养，没有碱化和氧化之虞，比较适合北方的水质及复杂的供暖系统，但造型较单一。暖气大致有以上几种分类，可以根据家中的需要及相关因素选择集中供暖还是独立供暖。

22. 通风工程系统怎样分类？

答：（1）按通风系统的作用范围不同，建筑通风系统可分为：

1）全面通风系统

全面通风是对整个车间或房间进行通风换气，以改变温、湿度和稀释有害物质的浓度，使作业地带的空气环境符合卫生标准的要求。

2）局部通风系统

局部通风只使室内局部工作地点保持良好的空气环境，或在有害物产生的局部地点设排放装置，不让有害物在室内扩散而直接排出的一种通风方法，局部通风系统又分局部排风和局部送风两类。

（2）按通风系统的工作动力不同，建筑通风可分为自然通风和机械通风。

1）自然通风

自然通风指依靠自然作用压力（风压或热压）使空气流动。

2）机械通风

机械通风依靠风机产生的压力强制空气流动，通过管道把空气送到室内指定地点，也可以从任意地点要求的吸气速度排除被污染的空气，并根据需要可以对进风或排风进行各种处理。机械通风根据覆盖面积和需要可分为局部通风和全面通风两种。

23. 空调系统如何分类？

答：（1）按照使用目的分

1）舒适空调。要求温度适宜，环境舒适，对温度和湿度的调节有一定的要求；用于住房、办公室、影剧院、商场、体育馆、汽车、船舶、飞机等。

2）工艺空调。对温度调节有一定的要求，另外对空气的洁净度也有较高的要求。用于电子器件生产车间、精密仪器生产车间、计算机房、生物实验室等。

（2）按照空气处理方式分

1）集中式（中央）空调。空气处理设备集中在中央空调室里，处理时的空气通过风管送至各房间的空调系统。适用于面积大、房间集中、各房间热湿负荷接近的场所选用，如宾馆、办公室、船舶、工厂等。系统维修管理方便，设备消声隔振比较容易解决。

2）半集中式空调。既有中央空调也有处理空调末端装置的空调系统。这种系统比较复杂，可以达到较高的调节精度。适用于对空气精度要求较高的车间和实验室等。局部式空调每个房间都有各自的设备处理空气的空调。空调器可以直接装在房间里或装在临近房间里，就地处理空气。适用于面积小、房间分散、热湿负荷相差较大的场合，如办公室、机房、家庭等。其他设备可以是单台独立式空调机组，如窗式、分体式空调器等，也可以是由管道集中给冷热水的风机盘管式空调器组成的系统，各房间按本室的需要调节本室的温度。

（3）按照制冷量分

1）大型空调机组。如卧式组装淋水式、表冷式空调机组，应用于大车间、电影院等。

2）中型空调机组。如冷水机组和柜式空调机等，应用于小车间、机房、会场、餐厅等。

3）小型空调机组。如窗式、分体式空调器，用于办公室、家庭、招待所等。

（4）按新风量的多少分

1）直流式系统。空调器处理的空气为全新风，送到各房间进行热湿交换后全部排放到室外，没有回风管。这种系统的特点为使用条件好、能耗大、经济性差，用于有害气体产生的车间、实验室等。

2）闭式系统。空调系统处理的空气全部再循环，不补充新风的系统。系统能耗小、卫生条件差，需要对空气中氧气再生备有二氧化碳吸收装置。用于地下建筑、游艇的空调等。

3）混合式系统。空调处理的空气由回风和新风混合而成。它兼有直流式和闭式二者的共同优点，应用比较普遍，如宾馆、剧场等空调系统。

（5）按送风速度分

①高速系统主风道风速 20～30m/s；②低速系统主风道风速 12m/s 以下。

24. 自动喷水灭火系统怎样分类？

答：由洒水喷头、报警阀组、水流报警装置（水流指示器或压力开关）等组件，以及管道、供水设施组成，并能在发生火灾时喷水的自动灭火系统。

（1）采用闭式洒水喷头的自动喷水灭火系统

1）湿式系统

准工作状态时管道内充满用于启动系统的有压水的闭式系统。

2）干式系统

准工作状态时配水管道内充满用于启动系统的有压气体的闭

式系统。

3）预作用系统

准工作状态时配水管道内不充水，由火灾自动报警系统自动开启雨淋报警阀后，转换为湿式系统的闭式系统。

4）重复启闭预作用系统

能在扑灭火灾后自动关阀、复燃时再次开阀喷水的预作用系统。

（2）雨淋系统

由火灾自动报警系统或传动管控制，自动开启雨淋报警阀和启动供水泵后，向开式洒水喷头供水的自动喷水灭火系统。亦称开式系统。

（3）水幕系统

由开式洒水喷头或水幕喷头、雨淋报警阀组或感温雨淋阀，以及水流报警装置（水流指示器或压力开关）等组成，用于挡烟阻火和冷却分隔物的喷水系统。

（4）防火分隔水幕

密集喷洒形成水墙或水帘的水幕。

（5）防护冷却水幕

冷却防火卷帘等分隔物的水幕。

（6）自动喷水—泡沫联用系统

配置供给泡沫混合液的设备后，组成既可喷水又可喷泡沫的自动喷水灭火系统。

25. 智能化工程系统怎样分类？

答：智能化工程常见子系统包括：

（1）消防报警系统；

（2）闭路监控系统；

（3）停车场管理系统；

（4）楼宇自控系统；

（5）背景音乐及紧急广播系统；

（6）综合布线系统；

（7）有线电视及卫星接收系统；

（8）计算机网络、宽带接入及增值服务；

（9）无线转发系统及无线对讲系统；

（10）音视频系统；

（11）水电气三表抄送系统；

（12）物业管理系统；

（13）大屏幕显示系统；

（14）机房装修工程。

第二节　工程质量控制、检测的基本知识

1. 工程质量管理的特点有哪些？

答：（1）工程质量的概念

质量就是满足要求的程度。要求包括明示的、隐含的和必须履行的需求和期望。明示的一般是指合同文件中，用户明确提出来的需要或要求，是通过合同、标准、规范、图纸、技术文件所作出的明确规定；隐含需要则应加以识别和确定，具体说，一是指顾客的期望，二是指那些人们公认的、不言而喻的、不必做出规定的"需要"，如房屋的居住功能是基本需要。但服务的美观和舒适性则是"隐含需要"。需要是随时间、环境的变化而变化的，因此，应定期评定质量要求，修订规范，开发新产品，以满足变化的质量要求。

（2）建筑工程质量管理的特点

1）影响质量的因素多

工程项目的施工是动态的，影响项目质量的因素也是动态的。项目的不同阶段、不同环节、不同过程，影响质量的因素也各不相同。如设计、材料、自然条件、施工工艺、技术措施、管理制度等，均直接影响工程质量。

2）质量控制的难度大

由于建筑产品生产的单件性和流动性，不能像其他工业产品

一样进行标准化施工，施工质量容易产生波动；而且施工场面大、人员多、工序多、关系复杂、作用环境差，都加大了质量管理的难度。

3）过程控制的要求高

工程项目在施工过程中，由于工序衔接多、中间交接多、隐蔽工程多，施工质量有一定的过程性和隐蔽性。在施工质量控制工作中，必须加强对施工过程的质量检查，及时发现和整改存在的质量问题，避免事后从表面进行检查。因为施工过程结束后的事后检查难以发现在施工过程中产生、又被隐蔽了的质量隐患。

4）终结检查的局限大

建筑工程项目建成后不能依靠终检来判断产品的质量和控制产品的质量；也不可能用拆卸和解体的方法检查内在质量或更换不合格的零件。因此，工程项目的终检（施工验收）存在一定的局限性。所以工程项目的施工质量控制应强调过程控制，边施工边检查边整改，并及时做好检查、认证和施工记录。

2. 建筑工程施工质量的影响因素及质量管理原则各有哪些？

答：影响施工质量的因素主要包括人、材料、设备、方法和环境。对这五方面的因素的控制，是确保项目质量满足要求的关键。

（1）人的因素

人作为控制的对象，要避免产生失误；人作为控制的动力，要充分调动积极性，发挥人的主导作用。因此，应提高人的素质、健全岗位责任制，改善劳动条件，公平合理地激励劳动热情；应根据项目特点，以确保工程质量作为出发点，在人的技术水平、人的生理缺陷、人的心理行为、人的错误行为等方面控制人的使用；更为重要的是提高人的质量意识，形成人人重视质量的项目环境。

（2）材料的因素

建筑工程材料主要包括原材料、成品、半成品、构配件等。

对材料的控制主要通过严格检查验收，正确合理地使用，进行收、发、储、运技术管理，杜绝使用不合格材料等环节来进行控制。

（3）设备的因素

设备包括项目使用的机械设备、工具等。对设备的控制，应根据项目的不同特点，合理选择、正确使用、管理和保养。

（4）方法的因素

方法包括项目实施方案、工艺、组织设计、技术措施等。对方法的控制，主要是通过合理选择、动态管理等环节加以实现。合理选择就是根据项目特点选择技术可行、经济合理、有利于保证项目质量、加快项目进度、降低项目费用的实施方法。动态管理就是在项目管理过程中正确应用，并随着条件的变化不断进行调整。

（5）环境控制

影响项目质量的环境因素包括项目技术环境，如地质、水文、气象等；项目管理环境如质量保证体系、质量管理制度等；劳动环境、如劳动组合、作业场所等。根据项目特点和具体条件，采取有效措施对影响工程项目质量的环境因素进行控制。

3. 建筑工程施工质量控制的基本内容和工程质量控制中应注意的问题各是什么？

答：所谓项目质量控制，是指运用动态控制原理进行项目的质量控制，即对项目的实施情况进行监督、检查和测量，并将项目实施结果与事先制定的质量标准进行比较，判断其是否符合质量标准，找出存在的偏差，分析偏差形成的原因的一系列活动。

（1）质量控制的内容

1）确定控制对象，例如一道工序、一个分项工程、一个安装工程。

2）规定控制对象，即详细说明控制对象应达到的质量要求。

3）制定具体的控制方法，如工艺规程、控制用图表。

4）明确所采用的检验方法，包括检验手段。

5）实际进行检验。

6）分析实测数据与标准之间产生差异的原因。

7）解决差异所采取的措施、方法。

（2）工程质量控制中应注意的问题

1）工程质量管理不是追求最高的质量和最完美的工程，而是追求符合预定目标的、符合合同要求的工程。

2）要减少重复的质量管理工作。

3）不同种类的项目，不同的项目部分，质量控制的深度不一样。

4）质量管理是一项综合性的管理工作，除了工程项目的各个管理过程以外还需要一个良好的社会质量环境。

5）注意合同对质量管理的决定作用，要利用合同达到对质量进行有效的控制。

6）项目质量管理的技术性很强，但它又不同于技术性工作。

7）质量控制的目标不是发现质量问题，而是应提前避免质量问题的发生。

8）注意过去同类项目的经验和教训，特别是业主、设计单位、施工单位反映出来的对质量有重大影响的关键性工作。

4. 质量控制体系的组织框架是什么？

答：质量控制是质量管理的重要组成部分，其目的是为了使产品、体系或过程的固有特性达到要求，以满足顾客、法律、法规等方面所提出的质量要求（即安全性、适用性和耐久性等）。所以，质量控制是通过采取一系列的作业技术和活动对各个过程实施控制。

工程项目经理部是施工承包单位依据施工承包合同派驻工程施工现场全面履行施工合同的组织机构。其健全程度、组织人员素质及内部分工管理水平，直接关系到整个工程质量控制的好坏。组织管理模式可采用职能型模式、直线型模式、直线—职能型模式和矩阵型模式四种。由于建筑工程建设实行项目经理负责制，项目经理全权代表施工单位履行施工承包合同，对项目全权负责。实践中一般采用直线—职能型组织模式，即项目经理根据实际的施工需要，下设相应的技术、安全、计量等职能机构，项目经理也可以根据实际的施工需要，按标段或按分部工程等下设若干个施工队。项目经理负责整个项目的计划组织和实施及各项协调工作，既使权力集中，权、责分明，决策快速，又有职能部门协助处理和解决施工中出现的复杂的专业技术问题。

施工质量保证体系示意图如图 2-18 所示。

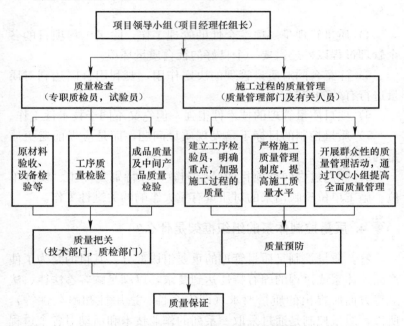

图 2-18　施工质量保证体系示意图

5. 什么是总体、样本、统计量、抽样？

答：（1）总体

总体是工作对象的全体，如果要对某种规格的构件进行检测，则总体就是这批构件的全部。总体是由若干个个体组成的，因此，个体是组成总体的元素。对待不同的检测对象，所采集的数据也各不相同，应当采集具有控制意义的质量数据。通常把从单个产品采集到的数据视为个体，而把该产品的全部质量数据的集合视为总体。

（2）样板

样板是由样品构成的，是从总体中抽取出来的个体。通过对样本的检测，可以对整批产品的性质作出推断性评价，由于存在随机性因素的影响，这种推断性评价往往会有一定的误差。为了把这种误差控制在允许的范围内，通常要设计出合理的抽样手段。

（3）统计量

统计量是根据具体的统计要求，结合对总体的统计期望进行的推断。由于工作对象的已知条件各有所不同，为了能够比较客观、广泛地解决实际问题，使统计结果更为可信。需要研究和设定一些常用的随机变量，这些统计量都是样本的还是，它们的概率密度的解析式比较复杂。

6. 工程验收抽样的方法有哪几种？

答：通常是利用数理统计的基本原理，在产品的生产过程中或一批产品中随机的抽取样本，并对抽取的样本进行检测和评价，从中获取样本的质量数据信息。以获取的信息为依据，通过统计的手段对总体的质量情况作出分析和判断。工程验收抽样的流程如下：

从生产过程（一批产品）中随机抽样→产生样本→检测、整理样本数据→对样本质量进行评价→推断、分析和评价产品或样本的总体质量。

7. 怎样进行质量检测试样取样？检测报告生效的条件是什么？检测结果有争议时怎样处理？

答：（1）质量检测试样取样

质量检查试样的取样应在建设单位或者工程监理单位监督下

现场取样。提供质量检验试样的单位和个人，应当对试样的真实性负责。

1）见证人员。应由建设单位或者工程监理单位具备试验知识的工程技术人员担任，并应由建设单位或该工程的监理单位书面通知施工单位、检测单位和负责该工程的质量监督机构。

2）见证取样和送检。在施工过程中，见证人员应当按照见证取样和送检计划，对施工现场的取样和送检进行见证，取样人员应在试样或其包装上作出标识、标志。标识和标志要标明工程名称、取样部位、取样日期、取样名称和样品数量，并由见证人员和取样人员签字。见证人员应制作见证记录，并将见证记录归入施工技术档案。涉及结构安全的试块、试件和材料见证取样和送检比例不得低于有关技术标准中规定应取样数量的30％。

见证人员和取样人员应对试样代表性和真实性负责。见证取样的试块、试件和材料送检时，应由送检单位填写委托书，委托单应有见证人员和送检人员签字。检测单位应检查委托单及试样上的标识和标志，确认无误后方可进行检测。

（2）检测报告生效

检测报告生效的条件是：检测报告经检测人员签字、检测机构法定代表人或者其授权的签字人签署，并加盖检测机构公章或检测专用章后方可生效。检测报告经建设单位或监理单位确认后，由施工单位归档。

（3）检测结果争议的处理

检测结果利害关系人对检测结果发生争议的，由双方共同认可的检测机构复检，复检结果由提出复检方报当地建设主管部门备案。

8. 常用的施工质量数据收集的基本方法有哪几种？

答：质量数据的收集方法主要有全数检验和随机抽样检验两种方式，在工程中大多采用随机抽样的检验方法。

（1）全数检验

这是一种对总体中的全部个体进行逐个检测，并对所获取的数据进行统计和分析，进而获得质量评价结论的方法。全数检验的最大优势是质量数据全面、丰富、可以获取可靠的评价结论。但是在采集数据的过程中要消耗很多人力、物力和财力，需要的时间也较长。如果总体的数量较少，检测的项目比较重要，而且检测方法不会对产品造成破坏时，可以采取这种方法；反之，对总体数量较大，检测时间较长，或会对产品产生破坏作用时，就不宜采用这种评价方法。

（2）随机抽样检验

这是一种按照随机抽样的原则，从整体中抽取部分个体组成样本，并对其进行检测，根据检测的评价结果来推断总体质量状况的方法。随机抽样的方法具有省时、省力、省钱的优势，可以适应产品生产过程中及破坏性检测的要求，具有较好的可操作性。随机抽样的方法主要有以下几种：

1）完全随机抽样。这是一种简单的抽样方法，是对总体中的所有个体进行随机获取样本的方法。即不对总体进行任何加工，而对所有个体进行事先编号，然后采用客观形式（如抽签、摇号）确定中选的个体，并以其为样本进行检测。

2）等距随机抽样。这是一种机械、系统的抽样方法，是对总体中的所有个体按照某一规律进行系统排列、编号，然后均分为若干组，这时每组有 $K = N/n$ 个个体，并在第一组抽取第一件样品，然后每隔一定间距抽取出其余样品最终组成样本的方法。

3）分层抽样。这是一种把总体按照研究目的的某些特性分组，然后在每一组中随机抽取样品组成样本的方法。由于分层抽样要求对每一组都要抽取样品，因此可以保证样品在总体分布中均匀，具有代表性，适合于总体比较复杂的情况。

4）整体抽样。这是一种把总体按照自然状态分为若干组群，并在其中抽取一定数量的试件成样品，然后进行检测的方法。这种办法样品相对集中，可能会存在分布不均匀，代表性差的问题，在实际操作时，需要注意生产周期的变化规律，避免样品抽取的误差。

5）多阶段抽样。这是一种把单阶段抽样（完全随机抽样、等距抽样、分层抽样、整群抽样的统称）综合运用的方法。适合在总体很大的情况下应用。通过在产品不同试车阶段多层随机抽样，多次评价得出数据，使评价的结果更为客观、准确。

9. 建设工程专项质量检测、见证取样检测内容有哪些？

答：建设工程质量检测是工程质量检测机构接受委托，根据国家有关法律、法规和工程建设强制性标准，对涉及结构安全项目的抽样检测和对施工现场的建筑材料、构配件的见证取样检测。

（1）专项检测的业务内容

专项检测的业务内容包括：地基基础工程检测、主体结构工程现场检测、建筑幕墙工程检测、钢结构工程检测。

（2）见证取样检测的业务内容

见证取样检测的业务内容包括：水泥物理力学性能检验；钢筋（含焊接与机械连接）力学性能检验；砂、石常规检验；混凝土、砂浆强度检验；简易土工试验；混凝土掺加剂检验；预应力钢绞线、锚具及夹具检验；沥青混合料检验。

10. 常用施工质量数据统计分析的基本方法有哪几种？

答：常用施工质量数据统计分析的基本方法有：排列图、因果分析图、直方图、控制图、散布图和分层法等。

（1）排列图

排列图又称为帕累托图，是用来寻找影响产品质量主要因素的一种方法。

1）排列图的作图步骤

① 收集一定时间内的质量数据。

② 按影响质量因素确定排列图的分类，一般可按不合格产品的项目、产品种类、作业班组、质量事故造成的经济损失来分。

③ 统计各项目的数据，即频数、计算频率、累计频率。

④ 画出左右两条纵坐标，确定两条纵坐标的适当刻度和比例。

⑤ 根据各种影响因素发生的频数多少，从左向右排列在横坐标上，各种影响因素在横坐标上的宽度要相等。

⑥ 根据纵坐标的刻度和各种影响因素的发生频数，画出相应的矩形图。

⑦ 根据步骤③中计算的累计频率按每个影响因素分别标注在相应的坐标点上，将各点连成曲线。

⑧ 在图面的适当位置，标注排列图的标题。

2）排列图的分析

排列图中矩形柱高度表示影响程度的大小。观察排列图寻找主次因素时，主要看矩形柱高矮这个因素。一般确定主次因素可利用帕累托曲线，将累计百分数分为三类：累计百分数为 0%～80% 的为 A 类，在此区域内的因素为主要影响因素，应重点加以解决；累计百分数为 80%～90% 的为 B 类，为此区域内的因素为次要因素，可按常规进行管理；累计百分数为 90%～100% 的为 C 类，在此区域的因素为一般因素。

3）应用

图 2-19 是某项某一时间段内的无效工排列图，从图中可见：开会学习占 610 工时、停电占 354 工时、停水占 236 工时、气候影响占 204 工时、机械故障占 54 工时。前两项累计频率 61.0%，是无效工的主要原因；停水是次要因素，气候影响、机械故障是一般因素。

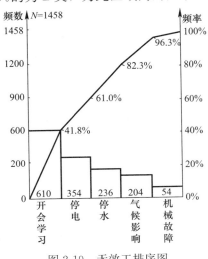

图 2-19 无效工排序图

（2）因果分析图

因果分析图是一种逐步深入研究和讨论质量问题的图示方法。

因果分析图由若干枝干组成，枝干分为大枝、中枝、小枝和细枝，它们分别代表大大小小不同的原因。

1）因果图的作图步骤

① 确定需要分析的质量特性（或结果），画出主干线，即从左向右的带箭头的线。

② 分析、确定影响质量特性的大枝（大原因）、中枝（中原因）、小枝（小原因）、细枝（更小原因），并顺序用箭头逐个标注在图上。

③ 逐步分析，找出关键性的原因并作出记号或用文字加以说明。

④ 制定对策、限期改正。

2）应用

混凝土强度不合格因素分析因果图如图 2-20 所示。

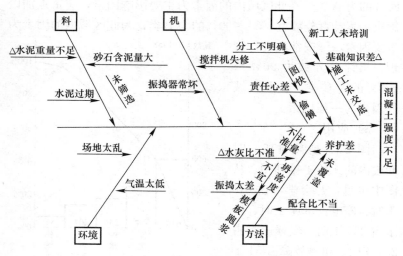

图 2-20　混凝土强度不合格因素分析因果图

（3）直方图

直方图是反映产品质量数据分布状态和波动规律的图表。

1）直方图的作图步骤

① 收集数据，一般数据的数量用 N 表示。

② 找出数据中的最大值和最小值。

③ 计算极差，即全部数据的最大值和最小值之差：

$$R = X_{max} - X_{min}$$

④ 确定组数 K。

⑤ 计算组距 h：

$$h = R/K$$

⑥ 确定分组组界。

首先计算第一组的上、下界限值：第一组下界值＝$X_{min} - h/2$，第一组上界值＝$X_{min} + h/2$。然后计算其余各组的上、下界限值。第一组的上界限值就是第二组下界限值，第二组的下界限值加上组距就是第二组的上界限值，其余依次类推。

⑦ 整理数据，做出频数表，用 f_i 表示每组的频数。

⑧ 画直方图。直方图是一张坐标图，横坐标取分组的组界值，纵坐标取各组的频数。找出纵横坐标上点的分布情况，用直线连起来即成直方图。

2）示例

某工程的混凝土时间强度直方图如图 2-21 所示。

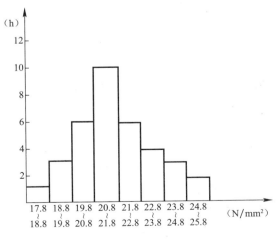

图 2-21　混凝土试件强度直方图

139

3）直方图图形分析

通过观察直方图的形状，可以判断生产的质量情况，从而采取必要的措施，预防不合格产品的产生。

第三节　工程建设标准体系的基本内容和国家、行业工程建设标准体系

1. 什么是行业标准的？它是怎样分类的？

答：（1）行业标准

指没有国家标准，而又需要在全国某个行业内统一技术要求所制定的标准。

（2）行业标准分类

AQ 安全行业标准。

BB 包装行业标准。

CB 船舶行业标准，CECS 工程建设推荐性标准，CH 测绘行业标准，CJ 城建行业标准，CJJ 城建行业工程建设规程，CY 新闻出版行业标准。

DA 档案行业标准，DB 地震行业标准，DL 电力行业标准，DZ 地质行业标准。

EJ 核工业行业标准。

FZ 纺织行业标准。

GA 公安行业标准，GH 供销合作行业标准，GY 广播电影电视行业标准。

HB 航空行业标准，HG 化工行业标准，HGJ 化工行业工程建设规程，HJ 环保行业标准，HS 海关行业标准，HY 海洋行业标准。

JB 机械行业标准，JC 建材行业标准，JG 建筑行业标准，JGJ 建筑行业工程建设规程，JR 金融行业标准，JT 交通行业标准，JY 教育行业标准。

LB 旅游行业标准，LD 劳动行业标准，LY 林业行业标准。

MH 民用航空行业标准，MT 煤炭行业标准，MZ 民政行业标准。

NB 能源行业标准，NY 农业行业标准。

QB 轻工业行业标准，QC 汽车行业标准，QJ 航天行业标准，QX 气象行业标准。

SB 商业行业标准，SC 水产行业标准，SH 石油化工行业标准，SJ 电子行业标准，SL 水利行业标准，SN 商品检验行业标准，SY 石油行业标准。

TB 铁道行业标准，TD 土地行业标准，TY 体育行业标准。

WB 物资行业标准，WH 文化行业标准，WM 外贸行业标准，WS 卫生行业标准，WW 文物行业标准。

XT 稀土行业标准。

YB 黑色冶金行业标准，YC 烟草行业标准，YD 通信行业标准，YS 有色冶金行业标准，YY 医药行业标准，YZ 邮政行业标准。

ZY 中医药行业标准，ZC 知识产权标准。

2. 国家标准怎样分类？它由哪些部分组成？

答：（1）国家标准

国家标准是指由国家标准化主管机构批准发布，对全国经济、技术发展有重大意义，且在全国范围内统一的标准。国家标准是在全国范围内统一的技术要求，由国务院标准化行政主管部门编制计划，协调项目分工，组织制定（含修订），统一审批、编号、发布。法律对国家标准的制定另有规定的，依照法律的规定执行。国家标准的年限一般为 5 年，过了年限后，国家标准就要被修订或重新制定。此外，随着社会的发展，国家需要制定新的标准来满足人们生产、生活的需要。因此，标准是种动态信息。

（2）标准按级别分类

我国标准分为国家标准、行业标准、地方标准和企业标准，并将标准分为强制性标准和推荐性标准两类。

（3）国家标准代号

1）强制性国家标准 GB；

2）推荐性国家标准 GB/T（"T"是推荐的意思）；

3）国家标准指导性技术文件 GB/Z；

4）工程建设国家标准 GBJ（现为 GB 50XXX 系列标准）；

5）国家职业卫生技术标准 GBZ；

6）国家军用标准 GJB；

7）国家内部标准 GBn；

8）国家环境质量标准 GHZB；

9）国家污染物控制标准 GWKB；

10）国家污染物排放标准 GWPB；

11）国家计量技术规范 JJF；

12）国家计量检定规程 JJG。

3. 什么是工程建设强制性标准？它包括哪些组成部分？

答：工程建设强制性标准是直接涉及工程质量、安全、卫生及环境保护等方面的工程建设标准强制性条文。强制性条文颁布以来，国务院有关部门、各级建设行政主管部门和广大工程技术人员高度重视，纷纷开展了贯彻实施强制性条文的活动，以准确理解强制性条文的内容，把握强制性条文的精神实质，全面了解强制性条文的产生背景、作用、意义和违反强制性条文的处罚等内容。

《工程建设强制性条文》是工程建设过程中的强制性技术规定，是参与建设活动各方执行工程建设强制性标准的依据。执行《工程建设强制性条文》既是贯彻落实《建设工程质量管理条例》的重要内容，又是从技术上确保建设工程质量的关键，同时也是推进工程建设的标准体系改革所迈出的关键的一步。强制性条文的正确实施，对促进房屋建筑活动健康发展，保证工程质量、安全，提高投资效益、社会效益和环境效益都具有重要的意义。

4. 强制性标准和推荐性标准的区别是什么？它们各自的代号各是什么？

答：《标准化法》第七条规定："保障人体健康、人身、财产安全的标准和法律、行政法规规定强制执行的标准是强制性标准，其他标准是推荐性标准。"

（1）强制性国家标准的编号为：GB 50×××—××××，GB：强制性国家标准的代号，50×××：发布标准的顺序号，××××：发布标准的年号。

（2）推荐性国家标准的编号为：GB/T 50×××—××××，GB/T：推荐性国家标准的代号，50×××：发布标准的顺序号，××××：发布标准的年号。

（3）强制性行业标准的编号为：×× ××××—××××，××：强制性行业标准的代号，××××：发布标准的顺序号，××××：发布标准的年号。

（4）推荐性行业标准的编号为：××/T ××××—××××，××/T：推荐性行业标准的代号，××××：发布标准的顺序号，××××：发布标准的年号。

5. 国家工程建设标准化管理体制的具体内容有哪些？

答：（1）工程建设标准

工程建设标准是为在工程建设领域内获得最佳秩序，对建设活动或其结果规定共同的和重复使用的规则、导则或特性的文件。

（2）标准化

工程建设标准化是为在工程建设领域内获得最佳秩序，对实际的或潜在的问题制定共同的和重复使用的规则的活动。

（3）地方标准化

工程建设地方标准化是为使一定区域内的建设工程获得最佳秩序，对实际的或潜在的问题制定共同的和重复使用的规则的活动。

（4）标准、规范、规程

1）标准。是为在一定的范围内获得最佳的秩序，对活动或其结果规定共同的和重复使用的规则、导则或特性的文件。

2）规范。一般是在工农业生产和工程建设中，对设计、施工、制造、检验等技术事项所做的一系列规定。

3）规程。是对作业、安装、鉴定、安全、管理等技术要求和实施程序所做的统一规定。

标准、规范、规程都是标准的一种表现形式，习惯上统称为标准，只有针对具体对象才加以区别。

（5）标准体系

某一工程建设领域的所有工程建设标准，都存在着客观的内在联系，它们相互依存、相互制约、相互补充和衔接，构成一个科学的有机整体，这个科学的有机整体谓之工程建设标准体系。

（6）对象

工程建设标准的对象是指各类工程建设活动全过程中，具有重复特性的或需要共同遵守的事项。内容包括三个方面：一是从工程类别上，其对象包括房屋建设、市政公路、铁路、水运、航空、电力、石油、化工、水利、轻工、机械、纺织、林业、矿业、冶金、通信、人防等各类建筑工程。二是从建设程序上，其对象包括勘察、规划、设计、施工安装、验收、鉴定、使用、维护、加固、拆除以及管理等多个环节。三是从需要统一的内容上，包括以下六点：

1）工程建设勘察、规划、设计、施工及验收等的技术要求；

2）工程建设的术语、符号、代号、量与单位、建筑模数和制图方法；

3）工程建设中的有关安全、卫生环保的技术要求；

4）工程建设的试验、检验和评定等的方法；

5）工程建设的信息技术要求；

6）工程建设的管理技术要求等。

（7）特点

1）综合性强；

2）政策性强；

3）受自然环境影响大。

（8）任务

《标准化法》第三条规定："标准化工作的任务是制定标准、实施标准和对标准的实施进行监督"。对于工程建设标准化工作，这三项任务多数是分工完成的，工程建设标准化管理机构除了制定工程建设标准化的法规和方针、政策外，重点还在于制定标准，依据标准，通过宣传、培训、合格评定、检查等途径，监督标准的实施。

（9）分类

1）工程建设国家标准

指在全国范围内需要统一或国家需要控制的工程建设技术要求所制定的标准。如《公共建筑节能设计标准》GB 50189—2005、《住宅建筑规范》GB 50368－2005等。

2）工程建设行业标准

指没有国家标准，而又需要在全国某个行业内统一的技术要求所制定的标准。如《外墙外保温工程技术规程》JGJ 144—2004等。

3）工程建设地方标准

指对没有国家标准、行业标准，而又需要在省、自治区、直辖市范围内统一的技术要求所制定的标准。如《××省太阳能热水系统与建筑一体化设计施工技术规程》就是××省工程建设地方标准。

4）企业标准

指对企业范围内需要协调、统一的技术要求、管理要求和工作要求所制定的标准，是企业组织生产和经营活动的依据。

（10）区别

1）标准化的对象不同；

2）标准的权威性不同；

3）标准实施的范围和要求不同。

（11）范围

1）工程建设勘察、规划、设计、施工（包括安装）及验收等综合性标准和重要的质量标准；

2）工程建设有关安全、卫生和环境保护的标准；

3）工程建设重要的术语、符号代号、量与单位、建筑模数和制图方法标准；

4）工程建设重要的试验、检验和评定方法等标准；

5）国家需要控制的其他工程建设标准。

6. 国家标准按对象、按级别怎样分类？

答：（1）按对象分类

按照标准化对象，通常把标准分为技术标准、管理标准和工作标准三大类。

技术标准——对标准化领域中需要协调统一的技术事项所制定的标准。包括基础标准、产品标准、工艺标准、检测试验方法标准，及安全、卫生、环保标准等。

管理标准——对标准化领域中需要协调统一的管理事项所制定的标准。

工作标准——对工作的责任、权利、范围、质量要求、程序、效果、检查方法、考核办法所制定的标准。

（2）按级别分类

中国标准分为国家标准、行业标准、地方标准和企业标准，并将标准分为强制性标准和推荐性标准两类。

国家标准代号：强制性国家标准 GB；推荐性国家标准 GB/T（"T"是推荐的意思）；国家标准指导性技术文件 GB/Z；工程建设国家标准 GBJ（现为 GB 50XXX 系列标准）；国家职业卫生技术标准 GBZ；国军标代号 GJB；例如：GJB/Z 9001—2001（国防科工委发布），GJB 9001—2001（总装备部发布）。

第四节　施工方案、质量目标和质量保证措施编制及实施

1. 专项施工方案的概念、编制方法各包括哪些内容？

答：（1）专项施工方案的内容包括：

专项分部分项工程的概况、施工安排、施工进度计划、施工准备与资源配置计划、施工方法与工艺要求、主要施工管理计划等。

（2）专项施工方案的编制方法

1）工程概况编制

施工方案的工程概况比较简单，一般应对工程的主要情况、设计简介和工程施工条件等重点内容加以简单介绍，重点说明工程的难点和施工特点。

2）施工安排的编制

专项工程的施工安排包括专项工程的施工目标，施工顺序与施工流水段，施工重点和难点分析及主要管理与技术措施、工程管理组织机构与岗位职责等内容。此内容是施工方案的核心，关系专项工程实施的成败。

工程的重点和难点的设置，主要是根据工程的重要程度，即质量特征值对整个工程质量的影响程度来确定。首先对施工对象进行全面的分析、比较，以明确工程的重点和难点，然后进一步分析所设置的重点和难点在施工中可能出现的问题或质量安全隐患的原因，针对隐患的原因相应地提出对策，加以预防。专项施工方案的技术重点和难点设置应包括设计、计算、详图、文字说明等。

工程管理的组织结构及岗位职责应在施工安排中确定并符合总承包单位的要求。根据分部（分项）工程的规模、特点、复杂程度、目标控制和总承包单位的要求设置项目管理机构，该机构中各种专业人员配备齐全，完善项目管理网络，建立健全岗位责任制。

3）施工进度计划与资源配置计划的编制

① 施工进度计划

专项工程施工进度计划应按照施工安排，并结合总承包单位的施工进度计划进行编制。施工进度计划可以采用横道图或网络图表示，并附必要说明。

② 施工准备与资源配置计划

施工准备的主要内容包括技术准备、现场准备和资金准备。

技术准备包括施工所需技术资料准备、图纸深化和技术交底的要求，试验检验和测试工作计划、样板制作计划以及与相关单位的技术交底计划等。专项工程技术负责人认真查阅技术交底、图纸会审记录、设计工作联系单、甲方工作联系单、监理通知等是否有与施工项目有出入的地方，发现问题立即处理。现场准备包括生产生活等临时设施的施工准备以及与相关单位进行现场交接的计划。资金准备主要包括编制施工进度计划等。

资源配置计划的内容主要包括劳动力配置计划和物资配置计划。劳动力配置计划应根据工程施工计划要求确定工程用工量并编制专业工种劳动力计划表。物资配置计划包括工程材料和设备配置计划、周转材料和施工机具配置计划以及计量、测量及检测仪器配置计划等。

4）施工方法及工艺要求

① 施工方法。施工方法是工程施工期间所采用的技术方案、工艺流程、组织措施、检验手段等。它直接影响工程进度、质量、安全以及安全成本。施工方法中应进行必要的技术核算，对主要分项工程（工序）明确施工工艺要求。施工方法比施工组织总设计和单位工程施工组织设计的相关内容更细化。

② 施工重点。专项工程施工方法应对易发生质量通病、易出现安全问题、施工难度大、技术含量高的分项工程（工序）等作出重点说明。

③ 新技术应用。对开发和使用的新技术、新工艺及采用的新材料和新设备，可以采用目前国家和地方推广的，也可以根据工程具体情况由企业创新；对于企业创新的新工艺、新技术，要制定理论和试验研究实施方案，并组织鉴定评价。

④ 季节性施工措施。对季节性施工要求应提出具体要求。根据施工地点的实际气候特点，提出具体有针对性的施工措施。

在施工过程中还应根据气象部门的天气预报资料，对具体措施进行细化。

2. 危险性较大工程专项施工方案的内容和编制方法各是什么？

答：（1）危险性较大工程专项施工方案的内容

危险性较大的分部分项工程安全专项施工方案，是在编制施工组织设计的基础上，针对危险性较大的分部分项工程单独编制的安全技术措施文件。专项方案包括如下内容：

1) 工程概况。危险性较大的分部分项工程概况、施工平面布置图、施工要求和技术保证条件。

2) 编制依据。相关法律、法规、规范性文件、标准、规范及图纸（含国标图集）、施工组织设计等。

3) 施工计划。包括施工进度计划、材料和设备计划。

4) 施工工艺技术。技术参数、工艺流程、施工方法、检查验收等。

5) 施工安全保证措施。组织保障、技术措施、应急预案、监测监控等。

6) 劳动力计划。专职安全生产管理人员、特种作业人员等。

7) 计算书及相关图纸。

（2）危险性较大工程专项方案的编制

建设单位在申请领取工程建设施工许可证或者办理安全监督手续时，应该提供危险性大的分部分项工程清单和安全管理措施。施工单位、监理单位应当建立危险性较大的分部分项工程安全管理制度。

施工单位应当在危险性较大的分部分项工程施工前编制专项施工方案。其编制步骤和方法与施工方案基本相同，只是编制的内容是围绕危险性较大的分部分项工程展开，更加强调施工安全技术、施工安全保证措施和安全管理人员及特种作业人员等要求。

对于实行总承包的建筑工程项目，其专项施工方案应当由施工总承包单位组织编制。其中，起重机械安装拆卸工程、深基坑工程、附着式升降脚手架等专业工程实行分包的，其专项方案可由专业承包单位组织编写。

对于超过一定规模的危险性较大的分部分项工程，施工单位应当组织专家对其专项方案进行论证。

3. 怎样组织实施施工方案？

答：组织实施施工方案的主要内容如下：

（1）有针对性地组织班组有关人员参加的施工技术交底活动；

（2）认真做好施工作业前的各项准备工作；

（3）实施施工方案的过程中要严格制度落实、分工明确、责任到人；

（4）加强施工过程中的检查指导，杜绝不合格产品流入下道工序；

（5）工序施工活动结束加强验收管理和评价，实行奖优罚劣的政策，做到用制度管人，用数据说话，用标准衡量；

（6）积累经验、改进不足，提高施工工艺操作水平和管理水平。

4. 质量目标的概念、作用以及质量控制的作用各是什么？

答：（1）质量目标概念

质量目标，是指"在质量方面所追求的目的"，它是落实质量方针的具体要求，它从属于质量方针，应与利润目标、成本目标、进度目标等相协调。质量目标必须明确、具体，尽量用定量化的语言描述，保证质量目标容易相互沟通和被理解。质量目标应分解落实到各部门及项目的全体成员，以便于落实、检查、考核。

（2）质量目标的作用

质量目标是落实质量方针的具体要求，实行质量控制目的是为了更好地落实质量方针。质量控制是实现质量目标的重要途径。

（3）质量控制的作用

质量控制的目标就是确保产品质量能满足顾客、法律法规等方面提出的质量要求（如适用性、可靠性、安全性）。质量控制的范围涉及产品质量形成全过程的各个环节，如设计过程、采购过程、生产过程、安装过程等。

质量控制的工作内容包括作业技术和活动，也就是包括专业技术和管理技术两个方面。围绕产品质量形成全过程的各个环节，对影响工作质量的人、机、料、法、环五大因素进行控制，并对质量活动的成果进行分阶段验证，以便及时发现问题，采取相应措施，防止不合格的情况重复发生，尽可能减少损失。其次，质量控制要贯彻预防为主与检验把关相结合的原则。必须对干什么，为何干，怎样干，谁来干，何时干，何地干，作出规定，并对实际质量活动进行监控。因为质量要求是随时间的进展而不断变化，为了满足质量要求，就要注意质量控制的动态性，要随工艺、技术、材料、设备的不断改进，研究新的控制方法。

5. 怎样确定和分解质量目标？

答：质量目标是建立在组织的质量方针基础上，与质量有关的，企业施工生产活动所追求的或作为目的的事物。

（1）施工企业质量目标的确定

1）施工企业为了完全履行施工合同约定的责任和义务，必须很好地研读工程项目招标文件、招标合同以及相关的法律、法规、规章、规程、规范以及设计文件中涉及的各种标准图集等客观的资料文件，明确设计文件要求和施工承包合同中对质量问题约定的条款。

2）在认真做好施工组织设计的时候，分析企业自身对人、机、材和其他资源的占有情况和可支配的能力大小，分析实施质量目标的强项和短处，找出可能影响实现质量目标的要害因素，并加以认真分析对待。

3）根据合同约定和企业自身实力，制定各分部分项工程的质量目标，如基础工程、主体工程、水电暖卫安装等的质量目标。

（2）施工企业质量目标的分解

分解质量目标是为了更加具体的贯彻和实现质量目标，因为工程质量的高低优劣不是由一个工序活动或一个分部或分项工程所能决定，它是诸工序活动以及分部、分项工程质量聚合的结果。只有所有工艺活动过程和环节组成的各个分部、分项工程都达到高质量，才能最终确保单项工程和工程项目最终的高质量。

1）根据施工生产顺序将单项工程质量目标向分部工程分解；

2）将分部工程质量目标向生产工艺活动过程分解；

3）规模较大的工程施工项目在投入较多施工班组时，应将质量目标向各个班组分解；

4）各班组将施工任务的质量目标按时间和任务分工的不同向每个班组成员分解；

5）班组中各个成员、各个班组之间、各个分部工程施工的组织之间有对前道工序和已完成工程成果质量保护和维护的职责。即项目组织中的各个成员都是实现工程质量目标的主人。

6. 怎样编制质量目标？

答：工程质量目标具有明显的层次性，也就是说企业有自身的质量目标、项目班子有项目的质量目标，具体到各个专业施工队有各自的质量目标，施工队中不同班组有各自不同的任务也就有各自不同的质量目标。所以质量目标的编制也具有明显的层次性。

企业的质量目标依据企业和建设单位签订的施工合同确定；施工项目管理班子与企业管理者签订的质量目标责任书中约定的质量目标，是项目班子应实现的质量目标。以此类推各个承包或分包工程队与项目班子签订的合同中约定的质量目标是各承包队应努力实现的质量目标；各班组与各专业承包队所签订的质量责

152

任书中约定的质量等级就是各个班组在施工生产活动中必须实现的质量目标。

施工任务明确后各个不同层次的管理部门，应依据自身承担的工程项目生产作业任务，认真熟悉设计文件，深入了解工程项目的特点和要求，全面理解和领会自身承担任务的特点和要求，在班组、承包专业队和工程项目经理部不同的层面上制定出各自的质量目标，并同时制定出相应的实施计划和具体措施，以塔形质量目标结构体系确保总体质量目标的实现。

7. 怎样组织实施质量目标？

答：质量控制目标是建设工程项目施工中最重要的控制目标之一，正是由于工程质量目标的层次性和阶段性等特点，所以，在组织实施工程质量目标时，也要通过用分目标的完成来保证总目标的实现。

（1）以作业班组为单元，通过对标准的贯彻、制度的执行、交底任务和要求的实现、重要环节和施工过程的监督检查，来确保各个工序和工艺过程的质量目标的实现。

（2）通过企业生产、技术、质量、标准、安全部门以及项目班子的组成人员对项目的分部分项工程质量目标进行严格的监控，通过严格的制度落实使各分部、分项工程均达到设定的质量目标。

（3）项目班子生产、技术、质量、标准、安全人员要坚持"百年大计，质量第一"的方针，组成施工工程项目质量管理小组，通过合理分工、密切配合、切实行动、制度的落实、形成创优争先抓质量、保安全的合力，使项目参与者全员树立起良好的质量意识，形成人人为工程质量的提高献计出力的良好氛围。

（4）以作业班组为载体，以关键工序和环节为抓手，开展质量竞赛，通过奖优罚劣，现场兑现的方式激励优胜者，鞭策后进者，使质量活动落实到班组每一个成员的施工作业工作中。

通过实现各个分目标、小目标，来实现总目标和大目标，通过系统协调和组织管理使项目质量控制目标得以实现。

8. 质量保证及质量保证措施的概念和作用各是什么？

答：(1) 质量保证

质量保证是指评估项目整体绩效，以确信项目可以满足相关的质量标准，是组织提供相关质量信任的一种活动，它贯穿项目的始终。可以分为两种，一种是内部质量保证，提供给项目管理小组和管理执行组织的保证；二是外部质量保证，它是提供给客户和其他参与人员的保证。

(2) 质量保证措施

为了实现质量控制目标，根据质量保证的具体内容所确立并执行的一系列措施统称为质量保证措施。

(3) 制定质量保证措施的作用

1) 确保工程项目实施在质量方针、质量计划、质量实施细则、质量管理制度下沿着正确的道路前进。

2) 质量保证措施是项目和班组施工活动中必须遵循的指导性规定，也是实现质量目标的重要依据。

3) 质量保证措施是检查、对照和指导施工工序活动的重要文件，如果偏离和违背都将会造成施工质量的下降或质量目标的难以实现。

4) 质量保证措施是项目和企业管理部门和人员进行质量监控的重要依据，也是进行施工质量过程控制的重要参考。

5) 质量保证措施是指明确各班组、各个施工操作人员实现质量目标的重要指导性文件，只有对质量保证措施很好地贯彻和执行，工程建设项目的质量才能有可靠的保证。

9. 怎样编制质量保证措施？

答：(1) 质量保证

定期评估项目整体绩效，以确信项目可以满足相关的质量标准，是组织提供相关质量信任的一种活动，它贯穿于项目的始终。

内部质量保证是提供给项目小组和管理执行组织的保证。外部质量保证是提供给客户和其他参与人员的保证。

（2）质量标准措施

为了实现项目质量保证的目的，根据项目质量保证的任务和内容，所编制的对应措施称为质量保证措施。

（3）质量保证措施的编制

1）质量保证的依据。质量保证的依据包括项目质量管理计划、项目实际质量的度量结果以及项目质量工作说明。

2）质量保证的方法与技术。一切用于编制质量计划的方法均可用于质量保证；质量审核（质量管理体系审核、产品质量审核、过程质量审核、内部质量审核）。

3）质量责任。它的具体内容包括落实各方主体的质量责任；落实监管部门的监管责任；落实工程质量终身负责制。

4）质量管理制度。它是落实质量保证措施的重要依据和技术支撑，是质量保证措施的根本。

10. 怎样组织实施质量保证措施？

答：实施质量保证措施的方法主要有如下几点：

（1）建立 QC 小组，并依靠其功能的发挥来实施全面质量管理活动。

（2）在施工作业活动中开展预防为主和改进为主的活动。

（3）加强自身建设、提高成员素质和能力，以便在实施质量保证措施中发挥更大的作用。

（4）通过提高管理水平发挥 QC 小组的作用。

（5）创造良好的氛围，确保 QC 活动在实施质量保证措施中发挥主导作用，以全面落实质量保证措施，达到项目管理的各项控制目标。

第三章 岗位知识

第一节 标准管理相关的管理规定和标准

1. 工程建设标准实施与监督的相关规定有哪些？

答：《实施工程建设强制性标准监督规定》的主要内容如下：

（1）在中华人民共和国境内从事新建、扩建、改建等工程建设活动，必须执行工程建设强制性标准。

（2）本规定所称工程建设强制性标准是指直接涉及工程质量、安全、卫生及环境保护等方面的工程建设标准强制性条文。国家工程建设标准强制性条文由国务院建设行政主管部门会同国务院有关行政主管部门确定。

（3）国务院建设行政主管部门负责全国实施工程建设强制性标准的监督管理工作。国务院有关行政主管部门按照国务院的职能分工负责实施工程建设强制性标准的监督管理工作。县级以上地方人民政府建设主管部门负责本行政区域内实施工程建设强制性标准的监督管理工作。

（4）工程建设中拟采用的新技术、新工艺、新材料，不符合现行强制性标准规定的，应当由拟采用单位提请建设单位组织专题技术论证，报批准标准的建设行政主管部门或者国务院有关主管部门审定。工程建设中采用国际标准或者国外标准，现行强制性标准未作规定的，建设单位应当向国务院建设行政主管部门或者国务院有关行政主管部门备案。

（5）建设项目规划审查机构应当对工程建设规划阶段执行强制性标准的情况实施监督。施工图设计文件审查单位应当对工程建设勘察、设计阶段执行强制性标准的情况实施监督。建筑安全监督管理机构应当对工程建设施工阶段执行施工安全强制性标准的情况实施监督。工程质量监督机构应当对工程建设施工、监理、验收等阶段执行强制性标准的情况实施监督。

（6）建设项目规划审查机关、施工设计图设计文件审查单位、建筑安全监督管理机构、工程质量监督机构的技术人员必须熟悉、掌握工程建设强制性标准。

（7）工程建设标准批准部门应当定期对建设项目规划审查机关、施工图设计文件审查单位、建筑安全监督管理机构、工程质量监督机构实施强制性标准的监督进行检查，对监督不力的单位和个人，给予通报批评，建议有关部门处理。

（8）工程建设标准批准部门应当对工程项目执行强制性标准情况进行监督检查。监督检查可以采取重点检查、抽查和专项检查的方式。

（9）强制性标准监督检查的内容包括：

1）有关工程技术人员是否熟悉、掌握强制性标准；

2）工程项目的规划、勘察、设计、施工、验收等是否符合强制性标准的规定；

3）工程项目采用的材料、设备是否符合强制性标准的规定；

4）工程项目的安全、质量是否符合强制性标准的规定；

5）工程中采用的导则、指南、手册、计算机软件的内容是否符合强制性标准的规定。

（10）工程建设标准批准部门应当将强制性标准监督检查结果在一定范围内公告。

（11）工程建设强制性标准的解释由工程建设标准批准部门负责。有关标准具体技术内容的解释，工程建设标准批准部门可以委托该标准的编制管理单位负责。

（12）工程技术人员应当参加有关工程建设强制性标准的培训，并可以计入继续教育学时。

（13）建设行政主管部门或者有关行政主管部门在处理重大工程事故时，应当有工程建设标准方面的专家参加；工程事故报告应当包括是否符合工程建设强制性标准的意见。

（14）任何单位和个人对违反工程建设强制性标准的行为有权向建设行政主管部门或者有关部门检举、控告、投诉。

（15）建设单位有下列行为之一的，责令改正，并处以20万元以上50万元以下的罚款：

1）明示或者暗示施工单位使用不合格的建筑材料、建筑构配件和设备的；

2）明示或者暗示设计单位或者施工单位违反工程建设强制性标准，降低工程质量的。

（16）勘察、设计单位违反工程建设强制性标准进行勘察、设计的，责令改正，并处以10万元以上30万元以下的罚款。有前款行为，造成工程质量事故的，责令停业整顿，降低资质等级；情节严重的，吊销资质证书；造成损失的，依法承担赔偿责任。

（17）施工单位违反工程建设强制性标准的，责令改正，处工程合同价款2%以上4%以下的罚款；造成建设工程质量不符合规定的质量标准的，负责返工、修理，并赔偿因此造成的损失；情节严重的，责令停业整顿，降低资质等级或者吊销资质证书。

（18）工程监理单位违反强制性标准规定，将不合格的建设工程以及建筑材料、建筑构配件和设备按照合格签字的，责令改正，处50万元以上100万元以下的罚款，降低资质等级或者吊销资质证书；有违法所得的，予以没收；造成损失的，承担连带赔偿责任。

（19）违反工程建设强制性标准造成工程质量、安全隐患或者工程事故的，按照《建设工程质量管理条例》有关规定，对事故责任单位和责任人进行处罚。

（20）有关责令停业整顿、降低资质等级和吊销资质证书的行政处罚，由颁发资质证书的机关决定；其他行政处罚，由建设行政主管部门或者有关部门依照法定职权决定。

（21）建设行政主管部门和有关行政部门工作人员，玩忽职守、滥用职权、徇私舞弊的，给予行政处分；构成犯罪的，依法追究刑事责任。

2. 工程质量管理的相关规定有哪些？

答：政府部门工程质量监督管理的相关规定主要内容如下：

（1）我国的建设工程质量监督管理体制

《建设工程质量管理条例》规定，国务院建设行政主管部门对全国的建设工程质量实施统一监督管理。国务院铁路、交通、水利等有关部门按照国务院的职责分工，负责对全国的有关专业建设工程质量的监督管理。

（2）政府监督检查的内容和有权采取的措施

县级以上人民政府建设行政主管部门和其他有关部门履行监督检验职责时，有权采取下列措施：①要求被检查的单位提供有关工程质量的文件和资料；②进入被检查单位的施工现场进行检查；③发现有影响工程质量的问题时，责令改正。

有关单位和个人对县级以上人民政府建设行政主管部门和其他有关部门进行的监督检查应当支持与配合，不得拒绝或者阻碍建设工程质量检查人员依法执行职责。

（3）禁止滥用权力的行为

《建设工程质量管理条例》规定，供水、供电、供气、公安消防等部门或者单位不得明示或者暗示建设单位、施工单位购买其指定的生产供应单位的建筑材料、建筑构配件和设备。

（4）建设工程质量事故报告制度

《建设工程质量管理条例》规定，建设工程发生质量事故，有关单位应当在24h内向当地建设行政主管部门和其他有关部门报告。对重大质量事故，事故发生地的建设行政主管部门和其他有关部门应当按照事故类别和等级向当地人民政府和上级建设行政主管部门及其他有关部门报告。特别重大质量事故的调查程序按照国务院有关规定办理。

根据国务院《生产安全事故报告和调查处理条例》规定，特别重大事故，是指造成 30 人以上死亡，或者 100 人以上重伤，或者 1 亿元以上直接经济损失的事故。特别重大事故、重大事故逐级上报至国务院安全监理管理部门和负有安全生产监督管理职责的有关部门。每级上报的时间不得超过 2h。必要时，安全生产监督管理部门和负有安全生产监督管理职责的有关部门可以越级上报事故情况。

（5）有关质量违法行为应承担的法律责任

《建设工程质量管理条例》规定，发生重大工程质量事故隐瞒不报、谎报或者拖延报告期限的，对直接负责的主管人员和其他责任人员依法给予行政处分。供水、供电、供气、公安消防等部门或者单位明示或者暗示建设单位或者事故单位购买其指定的生产供应单位的建筑材料、建筑构配件和设备的，责令改正。

国家机关工作人员在建设工程质量监督管理工作中玩忽职守、滥用职权、徇私舞弊，构成犯罪的，依法追究刑事责任；尚不构成犯罪的，依法给予行政处分。

3. 施工企业工程安全管理的相关规定有哪些？

答：建设工程安全生产管理条例规定的施工企业安全生产管理的主要内容如下：

（1）建设工程安全生产管理，坚持安全第一、预防为主的方针。

（2）建设单位、勘察单位、设计单位、施工单位、工程监理单位及其他与建设工程安全生产有关的单位，必须遵守安全生产法律、法规的规定，保证建设工程安全生产，依法承担建设工程安全生产责任。

（3）国家鼓励建设工程安全生产的科学技术研究和先进技术的推广应用，推进建设工程安全生产的科学管理。

（4）施工单位从事建设工程的新建、扩建、改建和拆除等活动，应当具备国家规定的注册资本、专业技术人员、技术装备和安全生产等条件，依法取得相应等级的资质证书，并在其资质等级许可的范围内承揽工程。

（5）施工单位主要负责人依法对本单位的安全生产工作全面负责。施工单位应当建立健全安全生产责任制度和安全生产教育培训制度，制定安全生产规章制度和操作规程，保证本单位安全生产条件所需资金的投入，对所承担的建设工程进行定期和专项安全检查，并做好安全检查记录。

施工单位的项目负责人应当由取得相应执业资格的人员担任，对建设工程项目的安全施工负责，落实安全生产责任制度、安全生产规章制度和操作规程，确保安全生产费用的有效使用，并根据工程的特点组织制定安全施工措施，消除安全事故隐患，及时、如实报告生产安全事故。

（6）施工单位对列入建设工程概算的安全作业环境及安全施工措施所需费用，应当用于施工安全防护用具及设施的采购和更新、安全施工措施的落实、安全生产条件的改善，不得挪作他用。

（7）施工单位应当设立安全生产管理机构，配备专职安全生产管理人员。

专职安全生产管理人员负责对安全生产进行现场监督检查。发现安全事故隐患，应当及时向项目负责人和安全生产管理机构报告；对违章指挥、违章操作的，应当立即制止。

专职安全生产管理人员的配备办法由国务院建设行政主管部门会同国务院其他有关部门制定。

（8）建设工程实行施工总承包的，由总承包单位对施工现场的安全生产负总责。

总承包单位应当自行完成建设工程主体结构的施工。

总承包单位依法将建设工程分包给其他单位的，分包合同中应当明确各自的安全生产方面的权利、义务。总承包单位和分包单位对分包工程的安全生产承担连带责任。

分包单位应当服从总承包单位的安全生产管理，分包单位不服从管理导致生产安全事故的，由分包单位承担主要责任。

（9）垂直运输机械作业人员、安装拆卸工、爆破作业人员、起重信号工、登高架设作业人员等特种作业人员，必须按照国家有关规定经过专门的安全作业培训，并取得特种作业操作资格证书后，方可上岗作业。

（10）施工单位应当在施工组织设计中编制安全技术措施和施工现场临时用电方案，对下列达到一定规模的危险性较大的分部分项工程编制专项施工方案，并附具安全验算结果，经施工单位技术负责人、总监理工程师签字后实施，由专职安全生产管理人员进行现场监督：

1）基坑支护与降水工程；

2）土方开挖工程；

3）模板工程；

4）起重吊装工程；

5）脚手架工程；

6）拆除、爆破工程；

7）国务院建设行政主管部门或者其他有关部门规定的其他危险性较大的工程。

对前款所列工程中涉及深基坑、地下暗挖工程、高大模板工程的专项施工方案，施工单位还应当组织专家进行论证、审查。

本条第一款规定的达到一定规模的危险性较大工程的标准，由国务院建设行政主管部门会同国务院其他有关部门制定。

（11）建设工程施工前，施工单位负责项目管理的技术人员应当对有关安全施工的技术要求向施工作业班组、作业人员作出详细说明，并由双方签字确认。

（12）施工单位应当在施工现场入口处、施工起重机械、临时用电设施、脚手架、出入通道口、楼梯口、电梯井口、孔洞口、桥梁口、隧道口、基坑边沿、爆破物及有害危险气体和液体存放处等危险部位，设置明显的安全警示标志。安全警示标志必须符合国家标准。

施工单位应当根据不同施工阶段和周围环境及季节、气候的变化，在施工现场采取相应的安全施工措施。施工现场暂时停止施工的，施工单位应当做好现场防护，所需费用由责任方承担，或者按照合同约定执行。

（13）施工单位应当将施工现场的办公、生活区与作业区分开设置，并保持安全距离；办公、生活区的选址应当符合安全性要求。职工的膳食、饮水、休息场所等应当符合卫生标准。施工单位不得在尚未竣工的建筑物内设置员工集体宿舍。

施工现场临时搭建的建筑物应当符合安全使用要求。施工现场使用的装配式活动房屋应当具有产品合格证。

（14）施工单位对因建设工程施工可能造成损害的毗邻建筑物、构筑物和地下管线等，应当采取专项防护措施。

施工单位应当遵守有关环境保护法律、法规的规定，在施工现场采取措施，防止或者减少粉尘、废气、废水、固体废物、噪声、振动和施工照明对人和环境的危害和污染。

在城市市区内的建设工程，施工单位应当对施工现场实行封闭围挡。

（15）施工单位应当在施工现场建立消防安全责任制度，确定消防安全责任人，制定用火、用电、使用易燃易爆材料等各项消防安全管理制度和操作规程，设置消防通道、消防水源，配备消防设施和灭火器材，并在施工现场入口处设置明显标志。

（16）施工单位应当向作业人员提供安全防护用具和安全防护服装，并书面告知危险岗位的操作规程和违章操作的危害。

作业人员有权对施工现场的作业条件、作业程序和作业方式中存在的安全问题提出批评、检举和控告，有权拒绝违章指挥和强令冒险作业。

在施工中发生危及人身安全的紧急情况时，作业人员有权立即停止作业或者在采取必要的应急措施后撤离危险区域。

（17）作业人员应当遵守安全施工的强制性标准、规章制度和操作规程，正确使用安全防护用具、机械设备等。

（18）施工单位采购、租赁的安全防护用具、机械设备、施工机具及配件，应当具有生产（制造）许可证、产品合格证，并在进入施工现场前进行查验。

施工现场的安全防护用具、机械设备、施工机具及配件必须由专人管理，定期进行检查、维修和保养，建立相应的资料档案，并按照国家有关规定及时报废。

（19）施工单位在使用施工起重机械和整体提升脚手架、模板等自升式架设设施前，应当组织有关单位进行验收，也可以委托具有相应资质的检验检测机构进行验收；使用承租的机械设备和施工机具及配件的，由施工总承包单位、分包单位、出租单位和安装单位共同进行验收。验收合格的方可使用。

《特种设备安全监察条例》规定的施工起重机械，在验收前应当经有相应资质的检验检测机构监督检验合格。

施工单位应当自施工起重机械和整体提升脚手架、模板等自升式架设设施验收合格之日起 30 日内，向建设行政主管部门或者其他有关部门登记。登记标志应当置于或者附着于该设备的显著位置。

（20）施工单位的主要负责人、项目负责人、专职安全生产管理人员应当经建设行政主管部门或者其他有关部门考核合格后方可任职。

施工单位应当对管理人员和作业人员每年至少进行一次安全生产教育培训，其教育培训情况记入个人工作档案。安全生产教育培训考核不合格的人员，不得上岗。

（21）作业人员进入新的岗位或者新的施工现场前，应当接受安全生产教育培训。未经教育培训或者教育培训考核不合格的人员，不得上岗作业。

施工单位在采用新技术、新工艺、新设备、新材料时，应当对作业人员进行相应的安全生产教育培训。

（22）施工单位应当为施工现场从事危险作业的人员办理意外伤害保险。

意外伤害保险费由施工单位支付。实行施工总承包的，由总承包单位支付意外伤害保险费。意外伤害保险期限自建设工程开工之日起至竣工验收合格止。

4. 新技术、新工艺、新材料应用管理的相关规定各有哪些？

答：新工艺、新材料、新技术应用管理办法

（1）目的

为加强对新工艺、新材料、新技术的研究、开发和应用，特制订本办法。

（2）范围

适用于新工艺、新材料、新技术研究、开发和应用的管理。

（3）职责

1）公司总工室是公司新工艺、新材料、新技术研究开发的归口管理部门，负责公司新工艺、新材料、新技术的研究、开发、推广应用的管理工作。

2）技术发展部是公司新工艺、新材料、新技术研究开发的主要管理、实施部门，负责指导公司新工艺、新材料、新技术研究、开发、推广应用的实施。

各分公司负责本责任范围内各项目部的新技术研究、开发、推广应用的实施及日常管理。

3）控制程序

① 立项原则和选题范围。a. 立项的课题，必须具有先进性、可行性、良好的经济性，能最大限度地满足社会、企业和群众的需要，符合国家的技术经济政策。b. 选题范围：（a）凡首次在本公司施工、生产实践工作中运用的新技术、新材料、新机具、新产品、新工艺（包括发明创造和通过各种渠道获得的"三新"成果在公司的首次应用）项目。（b）提高施工质量、降低材料消耗和能源消耗（即降低企业成本），提高经济效益的项目。（c）减轻工人的劳动强度，改善施工条件（环境）的项目。（d）重大技术难点攻关。（e）学习国内各兄弟单位施工、生产实践活动中

的"三新"成果，并结合本公司实际，加以改进后在公司首次应用的项目。(f) 赶超国内、国际先进水平的项目。

② 项目的提出和审批。a. 每年 12 月底以前，各分公司应将下一年度新工艺、新材料、新技术开发项目经技术发展部初审、立项审批。(按公司下发的科学技术项目申请书详细填写)。b. 公司技术发展部根据各分公司报送的新工艺、新材料、新技术研究开发项目进行汇总后提交公司总工审批，确定公司下一年度新技术研究开发项目。c. 确定为公司年度新工艺、新材料、新技术研究开发项目，各负责的分公司必须按要求作出开发和推广的具体方案及工作安排报送技术发展部，技术发展部与工程管理部按其方案和工作安排定期检查。

③ 项目的实施。a. 新工艺、新材料、新技术研究开发项目的实施，由技术发展部负责按季、年考核进度和质量。b. 新工艺、新材料、新技术研究开发过程中，要积极采用国家标准和国外先进标准，使开发项目具有先进性、创造性和新颖性。

④ 新工艺、新材料、新技术研究开发项目的技术确认和鉴定按照科技成果的技术确认和鉴定程序执行。

⑤ 推广应用。a. 技术发展部根据已鉴定评审或获奖科技成果的实用价值及推广价值，选择对公司施工建设具有效益和能够提高公司科技进步水平的科技成果提交总工批准，并编制公司科技成果推广应用长远规划和年度实施计划。b. 技术发展部通过各种形式组织科技成果的推广应用，使其尽快产生规模经济效益，并对获奖科技成果进行跟踪检查，在规定期限内不予应用的，将撤销其奖励。

5. 加强工程建设标准实施评价的相关标准实施的要求有哪些?

答：住房城乡建设部要求逐步建立工程建设标准实施情况评估制度，以政府投资工程为重点，对工程项目执行标准的全面、有效和准确程度开展评估。

住房城乡建设部要求，各地进一步加强工程建设标准实施监督工作。按照标准实施评价规范的要求，在节能减排、工程质量安全、环境保护等重点领域，对已实施标准的先进性、科学性、协调性和可操作性开展评估。同时，选择有条件的规划、设计、施工等企业，对标准体系建设、标准培训及实施管理等企业标准化工作情况开展评估。

此外，住房城乡建设部还要求，按照"谁批准，谁解释"的原则，完善标准解释咨询程序，规范本地区、本行业批准标准的解释咨询管理。

住房城乡建设部关于进一步加强工程建设标准实施监督工作的指导意见重点内容主要包括如下几个方面：

（1）推动重点领域标准实施

按照国家经济社会发展的决策部署，围绕经济结构调整、产业转型升级、节能减排、保障民生等重点领域，明确本行业、本地区标准实施的重点目标和任务。借鉴高强钢筋推广应用、无障碍环境建设等经验做法，标准先行，加强政策引导、技术服务、督促协调，建立部门合作、专家支撑、上下联动工作机制，充分发挥重点标准实施的试点、示范和引领作用。

（2）完善强制性标准监督检查机制

按照《实施工程建设强制性标准监督规定》（建设部令第81号），建立工程建设标准化管理机构和相关监管机构共同参与、协同配合的工作机制，以强制性标准为重点，制定年度监督检查计划，开展标准实施情况专项检查或抽查，依法对违反强制性标准的行为进行处罚，及时通报监督检查结果，实现标准监督检查工作常态化。

（3）建立标准实施信息反馈机制

畅通标准实施信息反馈渠道，广泛收集建设活动各方责任主体、相关监管机构和社会公众对标准实施的意见、建议，及时进行分类整理，提出处理意见。对涉及标准咨询解释的，由相应标准的解释单位处理。对涉及标准贯彻执行的，由相关监督机构处理。对涉及标准内容调整或制订、修订的，由相应标准的批准部门处理。处理结果要及时反馈。要定期开展综合分析，重点对标准制定提出建议，形成标准制定、实施和监督的联动机制。

（4）加强标准解释咨询工作

按照"谁批准，谁解释"的原则，完善标准解释咨询程序，规范本地区、本行业批准标准的解释咨询管理。对涉及标准具体技术内容的解释，可由主编单位或技术依托单位负责。对涉及强制性条文或标准最终解释，由标准批准部门负责，也可指定有关单位负责，解释内容应经标准批准部门审定。按照政务信息公开要求，及时公开标准的批准发布、出版发行和强制性条文内容等信息，拓展标准咨询服务手段，提高标准实施监督的服务水平。

（5）推动标准实施监督信息化工作

在有条件的地区或行业，开展标准实施监督信息化工作试点，利用信息化手段，在标准实施过程和关键环节，探索标准实施的达标判断、实时监控、责任绑定和追溯。将各方责任主体执行强制性标准情况记入单位和个人诚信档案，作为评定个人和企业（单位）从事工程建设活动诚信的重要依据。

（6）加大标准宣贯培训力度

加强标准宣贯培训工作，制定年度宣贯培训计划，发挥标准主编单位和技术依托单位的主渠道作用，采取宣贯会、培训班、远程教育等形式，积极开展标准的宣贯培训。将标准培训纳入执业人员继续教育和专业人员岗位教育范畴，提高工程技术人员、管理人员实施标准的水平。利用报刊、电视、网络等途径，扩大标准化知识宣传，增强全社会标准化意识。

（7）规范标准备案管理

按照《工程建设行业标准管理办法》和《工程建设地方标准化工作管理规定》，落实备案程序和要求，含有强制性条文的标准应在批准发布前向住房城乡建设部申请备案，不含强制性条文的标准应在批准发布 30 日内备案，备案标准名称及备案号应面向社会公开。积极开展工程建设企业标准备案试点，充分发挥企业标准在工程建设活动中的积极作用。

（8）逐步建立标准实施情况评估制度

按照标准实施评价规范的要求，在节能减排、工程质量安全、环境保护等重点领域，对已实施标准的先进性、科学性、协调性和可操作性开展评估。以政府投资工程为重点，对工程项目执行标准的全面、有效和准确程度开展评估。选择有条件的规划、设计、施工等企业，对标准体系建设、标准培训及实施管理等企业标准化工作情况开展评估。

（9）加强施工现场标准员管理

按照《关于贯彻实施住房和城乡建设领域现场专业人员职业标准的意见》和《建筑与市政工程施工现场专业人员职业标准》相关要求，开展标准员岗位培训，规范考核评价和证书管理。落实标准员岗位职责，积极推进标准员岗位设置，构建标准员继续教育、监督管理等制度，充分发挥标准员在标准实施、监督检查、信息收集和反馈等方面的作用。

各地、各部门应当进一步健全工程建设标准化管理机构，强化其在标准实施监督工作中的指导、推进、协调、服务职责，积极发挥标准化协会、技术委员会、编制组及专家的作用，利用各类媒体，加强舆论监督和社会监督，全面提升工程建设标准实施监督水平。

6. 建设项目实施工程建设标准分类和评价内容各有哪些？

答：（1）工程建设分类

根据被评价标准的内容构成及其适用范围，工程建设标准可分为基础类、综合类和单项类。

1）基础类标准。指术语、符号、计量单位或模数等标准；

2）综合类标准。指标准内容及适用范围涉及工程中两个或两个以上环节的标准；

3）单项类标准。指标准内容及范围仅涉及工程建设活动中某一个环节的标准。

（2）评价内容

1）对基础类标准，一般只进行标准的实施状况和适用性评价；

2）综合类及单项标准，应根据其内容构成及适用范围所涉及的环节。

7. 施工现场应用的相关标准有哪些？

答：建筑施工安全管理主要应用的标准、规范、规程包括：

（1）《建筑施工安全检查标准》JGJ 59；

（2）《建设工程施工现场消防安全技术规范》GB 50720；

（3）《施工现场临时建筑物技术规范》JGJ/T 188；

（4）《建筑工程施工现场环境与卫生标准》JGJ 146；

（5）《施工现场临时用电安全技术规范》JGJ 46；

（6）《建设工程施工现场供用电安全规范》GB 50194；

（7）《建筑施工扣件式钢管脚手架安全技术规范》JGJ 130；

（8）《建筑施工碗扣式钢管脚手架安全技术规范》JGJ 166；

（9）《建筑施工工具式脚手架安全技术规范》JGJ 202；

（10）《建筑施工门式钢管脚手架安全技术规范》JGJ 128；

（11）《建筑施工承插型盘扣式钢管支架安全技术规范》JGJ 231；

（12）《施工现场机械设备检查技术规程》JGJ 160；

（13）《建筑机械使用安全技术规程》JGJ 33；

（14）《建筑施工模板安全技术规范》JGJ 162；

（15）《建筑基坑工程监测技术规范》GB 50497；

（16）《建筑基坑支护技术规程》JGJ 120；

（17）《建筑施工土石方工程安全技术规范》JGJ 180；

（18）《建筑施工高处作业安全技术规范》JGJ 80；

（19）《安全网》GB 5725；

（20）《安全带》GB 6095；

（21）《安全帽》GB 2811；

（22）《龙门架及井架物料提升机安全技术规范》JGJ 88；

（23）《建筑施工升降机安装、使用、拆卸安全技术规程》JGJ 215；

（24）《建筑施工塔式起重机安装、使用、拆卸安全技术规程》JGJ 196；

（25）《塔式起重机安全规程》GB 5144；

（26）《起重机械安全规程》GB 6067；

（27）《塔式起重机混凝土基础工程技术规程》JGJ/T 187；

（28）《建筑起重机械安全评估技术规程》JGJ/T 189；

（29）《施工企业安全生产管理规范》GB 50656；

（30）《施工企业安全生产评价标准》JGJ/T 77。

第二节　企业标准体系表的编制方法

1. 什么是企业标准体系？企业标准的作用是什么？相关标准有哪些？

答：（1）企业标准体系

企业标准体系是企业内的标准按其内在的联系形成的科学的有机整体。

（2）企业标准体系表的作用

1）描绘出标准化工作的发展蓝图。对企业全部具备的标准摸清了底数，反映出全貌，用图表形式直观地描绘出发展规划蓝图，明确了企业标准化工作的努力方向和工作重点。

2）完善和健全了现有企业标准体系。通过研究和编制企业标准体系表，将现有标准有序地排列，研究摸清了标准相互的关系和作用，从而为调整、简化、完善、健全企业标准体系提供了基础，真正使企业标准体系实现简化、层次化、组合化、有序化和科学合理化。

3）由于有了科学合理的企业标准体系表，明示了现有标准的结构和远景规划蓝图，从而能科学地指导企业标准制定、修订、复审等计划和规划的编制和执行。

4）通过编制企业标准体系表，系统地了解和研究国际标准和国外先进标准，我国国家标准、行业标准、地方标准转化或采用国际标准和国外先进标准的基本情况，以及现行标准与国际标准和国外先进标准之间的差距，从而在自己企业标准体系中编制企业标准，特别是性能指标高于国家标准、行业标准的内控标准时提出相应的采用国际标准和国外先进标准的规划计划和要求，以寻求企业的发展和成功。

5）企业标准体系表明示了标准化水平，可以有效地指导营销、设计开发、采购、安装交付、生产工艺、测量检验、包装储运、售后服务等部门有效工作，及时向他们提供反映全局又一目了然的标准体系表，使他们能及时获得标准信息。

6）有利于企业标准体系的评价、分析和持续改进。通过编制企业标准体系表，明确了体系中的关键和重点，指导有关标准的组织实施和对标准的实施进行有效的监督，通过有目的有计划地对企业标准体系进行测量、评价、分析和改进，有利于企业标准化的发展和进步。

（3）关于企业标准体系方面的标准

1）《企业标准体系　技术标准体系》GB/T 15497；

2）《企业标准体系　要求》GB/T 15496；

3）《企业标准体系　管理标准和工作标准体系》GB/T 15498；

4）《企业标准体系　评价与改进》GB/T 19273；

5）《企业标准体系　表编制指南》GB/T 13017。

2. 企业标准体系表由哪些内容构成？

答：企业标准体系表指企业标准体系内的标准按一定形式排列起来的图表。也就是说，企业标准体系是用标准体系表来表达的。它不仅反映企业范围内所有组成企业标准体系的标准的全貌，各个单项标准之间的联系，而且还反映出整个企业标准体系的层次结构，各类标准的数量构成；不仅能分析企业标准体系当前的结构状态，而且是确定结构优化方案的重要方法。可以说，企业标准体系表是促进企业的标准组成实现科学、完整、合理、有序的重要手段，它是表述企业现有的标准和规划标准的总体蓝图，也是促进企业产品开发创新、优化经营管理、加速技术改造和提高经济效益及实现企业科学管理的标准化指导文件。

3. 企业标准体系表的编制原则、编制要求各是什么？

答：（1）企业标准体系表的编制原则

1）符合国际标准与惯例，即符合 ISO9000 族标准（2000 年版）和《项目管理的质量指南》ISO10006 的要求，以期与国际惯例接轨，达到国际水平并为进入国际市场打下技术基础。

2）符合我国标准化与相关法律、法规（如环境保护、安全等法规）和规章要求；同时，还应符合适用的地方法规、规章的要求。

3）具有公司管理体制改革和产品发展的特点，适应公司中、近期生产经营发展的客观要求。

4）符合《企业标准体系表编制指南》GB/T 13017 等相关标准。

5）公司现有的与应有的标准分类明确，定位准确，能反映其内在联系，可以指导公司标准化工作的开展，并能促进公司标准化与其他各项业务管理工作的科学化、程序化和规范化。

6）把公司的质量管理、安全管理、计量管理、设备管理、物资管理等各项业务管理及现场管理有机协调，统一在一个综合管理体系之内，从而避免多个体系独立并存而易发生的不和谐甚至互相抵触，导致管理效率不高，管理成效不大的弊端。

（2）企业标准体系表的编制要求

1）全面成套。企业标准体系表应力求全面成套，即应尽量做到"全"，只有"全"才能充分体现企业标准体系的整体性，才能使企业管理形成系统管理。只有"全"，才能从子项标准中提炼出共性标准，做到不重复、不漏项。

企业标准体系表的"全"，可表现在以下几个方面：

① 完整。应涵盖企业的技术标准、管理标准和工作标准和企业应遵守的法律、法规，不能缺少其中任何一项。企业的技术标准体系、管理标准体系和工作标准体系都应该建立起来，一项都不能少。三大标准体系的构成要素（即各项子体系）的完整性应根据企业的行业特点以及要达到不同的标准化良好行为级别来确定。例如，纯粹来料加工的企业、水泥生产企业就不一定有设计方面的条款；食品、化工等产品生产企业，就不需要安装、交付方面的标准；供电企业的输、变电电能就没有"包装、搬运、贮存、标志"这些内容了。

② 齐全。围绕着市场拓展、产品开发的需要，相关的技术标准应齐全，与实施技术标准相关的管理标准应配套齐全。同样，在执行技术标准和管理标准时，相应岗位的工作标准也应齐全。做到产品实现全过程中说话有依据，办事按程序，工作照章法。

③ 有效。纳入企业标准体系的标准应现行有效。有的标准多年不复评、不换版，企业执行的只是一个水平不高、有效性不足的经过标准化而已的"标准"，这样的标准对企业的生产经营没有一丝的促进作用。因此，纳入标准体系的标准一定要现行有效。

2）层次恰当。每一项标准都要根据标准的适用范围，恰当地安排在不同层次和位置上。企业标准体系表中的标准，上下、左右关系要理顺。上下是从属关系，下层标准要服从上层标准。上层标准有改变，下层标准也要跟着改变。下一层中通用、共性的标准要提到上一层中去。左右横向标准子体系之间是协调与服务的关系，如原材料、半成品、工艺、检验之间是协调与服务的关系，任何一个半成品或零部件标准的改变，原材料、工艺、检验标准也随之改变，这样才能保证半成品或零部件标准的实现。

3）划分准确。标准所属门类的划分要明确，应按标准的功能划分，而不是按照行政系统划分。避免将应该制定成一项标准的同一事物或概念，由两项以上标准同时重复制定或无人制定。比如，"底图复制更改管理规定"可以有工艺科制定的"工装底图更改管理规定"，也可以有设计科制定的"设计底图更改管理规定"以及设备科制定的"设备底图更改管理规定"等。这时应按功能相同的要求，统一制定一项全厂共用的"底图复制更改管理规定"，供全厂共同遵守。管理标准应按管理性质和标准的功能划分，即功能相同的标准应组成一个子系统，而不应按行政划分（即不应按科室分管的范围划分）。

4）科学先进。企业标准体系表中的已有标准均应现行有效，没有过期废止的各类、各级标准。标准体系中的标准应能有效地促进企业生产技术和管理水平提高，所有标准符合企业生产经营发展规划与计划，如有关国家标准或行业标准滞后于企业生产经营和技术水平时，则应制定替换为企业标准，从而使标准体系内的标准真正起到指导企业标准化工作的作用。

5）简便易懂。企业标准体系表的表述形式应简便明了，表述内容应通俗易懂，既不深奥，也不复杂。不仅要让标准化专业人员理解掌握，而且便于企业员工理解和执行。

6）适用有效。企业标准体系表应符合企业实际情况，具有本企业特点，同时行之有效，能获取较明显的标准化效益。由于历史的原因，我国现行的标准大多是生产型标准，由上级主管部门制定批准，企业遵照执行，很少考虑消费者和顾客的需求。技术指标定得很细很全，缺乏必要的自由度和应变能力，很难适应目前国内外市场变化的需求。特别是近年来，环保节能的呼声不断高涨，标准更新的速度在加快，国内一些标准制定和修订工作严重滞后，部分标准已不适应企业市场发展的需求。对此，企业应根据市场反馈，适时制定符合市场需求的企业标准，使标准更加科学、合理、适用。

第三节　工程建设标准化监督检查的基本知识

1. 怎样进行工程建设标准化组织管理工作？

答：（1）施工企业工程建设标准化工作管理部门应根据本企

业的发展方针目标，提出本企业工程建设标准化工作的长远规划。长远规划应包括下列主要内容：

1) 本企业标准化工作任务目标；

2) 标准化工作领导机构和管理部门的不断健全完善；

3) 标准化工作人员的配置；

4) 标准体系表的完善；

5) 标准化工作经费的保证；

6) 贯彻落实国家标准、行业标准和地方标准的措施、细则的不断改进和完善；

7) 企业技术标准的编制、实施；

8) 国家标准、行业标准、地方标准和企业技术标准实施情况的监督检查等。

(2) 施工企业工程建设标准化工作管理部门应根据本企业工程建设标准化工作长远规划制定工程建设标准化工作的年度工作计划、人员培训计划、企业技术标准编制计划、经费计划，以及年度和阶段技术标准实施的监督检查计划等，并应组织实施和落实。

(3) 施工企业工程建设标准化工作年度计划应包括长远规划中的有关工作项目分解到本年度实施的各项工作。

(4) 施工企业工程建设标准化工作年度企业人员培训计划应包括不同岗位人员培训的目标、培训学时数量、培训内容、培训方式等。

(5) 施工企业工程建设标准化工作年度企业技术标准编制计划，应包括企业技术标准的名称、编制技术要求、负责编制部门、编制组组成、开编及完成时间及经费保证等。

(6) 施工企业工程建设标准化工作年度及阶段技术标准实施监督检查计划，应包括检查的重点标准、重点问题，检查要达到的目的，以及检查的组织、参加人员、检查的字间距时间、次数等。每次检查应写出检查总结。

(7) 施工企业工程建设标准化工作应明确标准化工作管理部

门、工程项目经理部和企业内各职能部门的工作关系，以及有关人员的工作内容、要求、职责，并应符合下列要求：

1）标准化工作管理部门和企业各职能部门及有关人员的工作内容和职责应是规范中各项内容的细化。并采取措施保证国家标准、行业标准和地方标准在本部门贯彻落实。

2）施工企业内部各职能部门应将有关标准化工作内容、要求落实到有关人员。

3）施工企业内部各职能部门、工程项目经理部和人员，应接受标准化工作管理部门对标准化工作的组织与协调。

（8）施工企业工程建设标准化工作管理部门，应负责本企业有关人员日常标准化工作的指导。在实施标准的过程和日常业务工作中，应及时为有关人员提供标准化工作方面的服务。

（9）施工企业应建立工程建设标准化工作人员考核制度，对每项标准的落实执行情况和每个工作岗位工作完成情况进行考核。

（10）施工企业工程建设标准化委员会，应对企业工程建设标准化工作管理部门的工作进行监督检查。施工企业工程建设标准化信息和档案，应由企业工程建设标准化工作管理部门或资料管理部门负责。

2. 工程建设标准化监督检查的目的方法各包括哪些内容？

答：（1）标准实施监督检查的目的

标准实施监督是国家行政机关对标准贯彻执行情况进行督促、检查、处理的活动。它是政府标准化行政主管部门和其他有关行政主管部门领导和管理标准化活动的重要手段，也是标准化工作任务之一，其目的是促进标准的贯彻，监督标准贯彻执行的效果，考核标准的先进性和合理性，通过标准实施的监督，随时发现标准中存在的问题，为进一步修订标准提供依据。

对标准的实施进行监督检查时，主要依据国家标准、行业标准、地方标准和企业标准进行检查。其中，强制性标准（包括强制性国家标准、行业标准、地方标准）是标准实施监督的重点内容，凡不执行强制性标准要求的行为，都将依法承担法律责任，其行为人将受到法律制裁；对于国家标准、行业标准中的推荐性标准，国家鼓励企业自愿采用，推荐性标准企业一经采用，作为组织生产依据的标准，也将属于监督检查的对象；国家标准和行业标准中无论是强制性标准还是推荐性标准，只要被指定为产品质量认证所使用的标准，也属于实施监督检查的对象；企业已经申报备案的产品标准，也应作为监督检查对象，从而保证企业产品标准的先进性和适用性，杜绝企业产品的无标生产现象；对于企业在研制新产品、改进产品和进行技术改造活动中所采用的其他一些标准，也应当列入监督检查的对象，以促使企业技术改造的合理化和发展新品种，达到提高质量和降低生产成本的目的。

（2）标准实施监督检查的方法

工程建设标准化监督检查的方法的内容如下：

1）县级以上人民政府建设主管部门，应有计划、有组织地开展对工程建设标准的实施与监督工作。

2）编制城乡规划，包括城镇体系规划、城市规划、镇规划、乡规划和村庄规划，必须遵守工程建设标准。

3）从事工程建设活动的单位和个人应当按照工程建设标准的要求组织项目实施。工程建设强制性标准必须严格执行。

① 建设单位不得明示或暗示规划、勘察、设计、施工、工程监理、工程质量检测等单位违反工程建设标准，降低建设工程质量或出具虚假检测报告，不得提出不符合建设工程安全生产标准规定的要求。各类公共建筑的建设单位应严格执行已发布的建设标准，控制建设面积、装修标准和投资规模。

② 规划编制单位、勘察单位、设计单位、施工单位、工程监理、工程质量检测单位及其注册执业人员，应当按照现行工程建设标准要求进行规划、勘察、设计、施工、监理和检测。

③ 规划编制单位、勘察单位、设计单位在规划文件、勘察

报告、设计文件中应列出执行的强制性工程建设标准和采用的推荐性工程建设标准的名称及编号。

④ 县级以上地方人民政府城乡规划主管部门依法依标准对民用建筑进行规划审查，并就设计方案是否符合民用建筑节能强制性标准征求同级建设主管部门的意见，对不符合强制性标准的，不得颁发规划许可证。

⑤ 建设项目施工图设计文件审查单位应按照工程建设标准的要求，对勘察、设计文件执行标准的情况进行审查，经审查不符合强制性标准的，不得出具合格证书，县级以上地方人民政府建设主管部门不得颁发施工许可证。

⑥ 工程监理单位应当依照有关技术标准实施监督，发现工程设计不符合工程建设标准要求的，应当报告建设单位要求设计单位改正。工程监理单位应当审查施工组织设计中的安全技术措施或者专项施工方案是否符合有关工程建设标准要求，发现施工单位不按照强制性标准施工的，应当要求施工单位改正；施工单位拒不改正的，工程监理单位应当及时报告建设单位，并向有关部门报告。

⑦ 工程质量检测机构应当依据工程建设强制性标准进行检测，对检测过程中发现建设单位、监理单位、施工单位违反工程建设强制性标准的情况，应当及时报告工程所在地建设主管部门。

⑧ 建设单位组织竣工验收，应当对工程建设项目是否符合工程建设标准特别是强制性标准要求进行查验。对不符合工程建设强制性标准施工的工程，建设单位不得出具竣工验收合格报告。负责工程质量监督检查或者竣工验收备案的部门及其工作人员对不合格建筑工程应责令改正，并不得办理备案手续。

4）建设项目规划审查机构、施工图设计文件审查单位、工程质量安全监督机构应在各自职责范围内对工程建设强制性标准执行情况进行监督。

5）县级以上人民政府建设主管部门应有计划、有组织地对工程建设项目执行标准情况和相关机构的监督情况进行检查，对违反强制性标准的情况或监督不力的单位和个人给予通报批评，并按有关规定进行处理。监督检查应当结合工程建设管理实际进行，并应符合工程建设标准监督的有关规定。

6）任何单位和个人对违反工程建设强制性标准的行为，有权向县级以上人民政府建设主管部门检举、控告、投诉。

7）从事建设活动的任何单位和个人，凡违反工程建设强制性标准的，所属或上级建设主管部门应按照有关法律、法规和规章进行处罚，或提出处罚意见，并按照省、自治区、直辖区建筑市场不良行为记录公示制度有关规定，对违反强制性标准的单位和个人认定上报和公示不良行为记录。

8）建设工程中拟采用的新技术、新工艺、新材料存在与现行工程建设强制性标准不一致的，或直接涉及建设工程质量安全、人身健康、生命财产安全、环境保护、能源资源节约和合理利用以及其他社会公共利益，且工程建设强制性标准既无规定又无现行工程建设标准可依的，建设单位应当依法取得行政许可，并按照行政许可决定的要求实施。未取得行政许可的，不得在建设工程中采用。

9）建设工程中采用国际标准或者国外标准，现行强制性标准又未作规定的，建设单位应当向住房和城乡建设部或者国务院有关行政主管部门备案。

10）县级以上人民政府建设主管部门在处理重大工程事故时，应当有工程建设标准方面的专家参加；工程事故调查报告应当包括是否符合工程建设强制性标准的意见。

3. 工程建设标准化监督检查的形式有哪种？它们各自的作用和意义是什么？

答：（1）监督形式

工程建设标准化监督检查的形式有企业自我监督、社会监督、国家监督和行业监督四种形式。

（2）监督的作用

1）企业自我监督。企业自我监督是生产企业的一种内部监督，也可以说是第一方或供方的监督。从原材料进厂到产品加工、装配、包装入库，直至产品出厂为止，在各个生产阶段和工序之间都必须依据标准进行监督和检验。这种监督和检验是生产工序之一，是把好质量的第一关，是社会监督、行业监督和国家监督的基础。

2）社会监督。这是一种社会性的群众监督，也可说是第二方或用户和顾客的监督。这类监督由新闻媒介、人民团体、社会组织及产品经销者、消费者和用户对标准实施情况进行监督。一般是对出厂后的产品或者企业在所从事的直接影响人民生活及社会公共利益的活动中是否符合标准要求所进行的监督。例如，商业部门、物资部门、使用部门的监督和检验，以及广大消费者的反映意见等。群众对各种违反标准的现象，可以利用社会舆论、新闻报道、群众投诉、举报等多种形式进行公开揭露和批评。

3）国家监督。这种监督是指国家授权，指定第三方具有公正立场的专门机构进行监督和检验。这是确保产品质量，提高经济效益，增强产品竞争力，保障国家经济权益和消费者利益的有效措施。

县级以上政府标准化行政主管部门，根据我国《标准化法》的规定，对标准的实施进行监督检验，并设立有专门的检验机构。国家级检验机构由国务院标准化行政主管部门会同国务院有关行政主管部门规划审查；地方级检验机构由省、自治区、直辖市政府标准化行政主管部门会同省、自治区、直辖市政府有关行政主管部门规划审查。这些检验机构的设置，为标准化行政主管部门的行政执法提供了必要的技术保障。

4）行业监督。有关行政主管部门的监督称行业监督。根据《标准化法》第五条规定，国务院有关行政主管部门分工管理本部门、本行业的标准化工作。因此，各行业主管部门对本部门、本行业内标准实施情况有进行监督检查的责任。这种监督是行政管理需要的监督。

上述 4 种监督是相互补充、相辅相成的。企业监督是一切监督的基础，也是企业提高自身产品质量，加强产品的市场竞争力的重要手段；国家监督和行业监督是为提高全社会的产品质量、保障消费者的权利，从国家的角度进行的监督；社会监督是对国家监督的补充，它虽不具备法律特性，但具有广泛的群众性。各种监督对保证产品质量的目的是一致的。

（3）监督的意义

标准的实施是整个标准化活动中最重要的一环。在标准制定结束后，实施成为标准化工作的中心任务，是标准能否取得成效、实现其预定目的的关键。

标准的实施，就是要将标准规定的各项要求，通过一系列具体措施，贯彻到生产、建设和流通中去。只有通过实施，才能实现制定标准的各项目的，充分发挥出标准化的作用。

4. 工程建设标准宣贯和培训内容的确定方法？

答：各地根据实际需要，开展对工程建设标准的宣贯和培训，并应符合下列规定：

（1）负责标准宣讲的人员一般应是参加相应标准编制的人员或是经培训合格的师资人员。

（2）标准的宣贯和培训应当严格执行国家有关规定，在统一组织下进行。严禁任何单位或个人擅自举办以赢利为目的的各种形式的标准宣贯班、培训班。

（3）标准的宣贯和培训应纳入专业技术人员继续教育计划。

5. 怎样组织开展工程建设标准宣传和培训？宣传和培训的方式、方法各有哪些？

答：按照住房城乡建设部《关于进一步加强工程建设标准实施监督工作的指导意见》和《建筑与市政工程施工现场专业人员

职业标准》相关要求，加强标准宣贯培训工作，制定年度宣贯培训计划，发挥标准主编单位和技术依托单位的主渠道作用，采取宣贯会、培训班、远程教育等形式，积极开展标准的宣贯培训。将标准培训纳入执业人员继续教育和专业人员岗位教育范畴，提高工程技术人员、管理人员实施标准的水平。利用报刊、电视、网络等途径，扩大标准化知识宣传，增强全社会标准化意识。

依规开展标准员岗位培训，规范考核评价和证书管理。落实标准员岗位职责，积极推进标准员岗位设置，构建标准员继续教育、监督管理等制度，充分发挥标准员在标准实施、监督检查、信息收集和反馈等方面的作用。

第四节　标准实施执行情况记录及分析评价

1. 标准实施执行情况记录的内容有哪些?

答：标准执行情况记录的基本内容包括以下几个方面：

（1）标准执行单位；

（2）标准获取时间；

（3）标准获取途径；

（4）标准获取结果；

（5）标准执行情况；

（6）标准执行人。

2. 工程资料相关标准实施执行情况检查的内容有哪些?

答：工程资料相关标准实施执行情况检查的内容包括如下内容：

（1）工程建设强制性标准执行情况

1）各市、县建设行政主管部门及其委托的质量、安全机构实施工程建设强制性标准监督管理情况；

2）近五年以来立项的建设工程中规划、勘察、设计、施工图审查、施工、监理、验收等各环节实施工程建设强制性标准情况，并通过实施各环节检查建设、勘察、设计、施工、监理等各方责任主体及施工图审查机构和检测机构执行工程建设强制性标准的情况。

（2）建筑节能专项检查

1）各市、县建设行政主管部门贯彻落实国家建筑节能有关政策法规、技术标准及结合本地实际推进建筑节能工作的情况；

2）各市、县建筑节能专项规划和建筑节能考核目标责任分解落实情况；

3）各市、县既有建筑节能改造和供热计量等工作的实施情况；

4）近五年以来立项的通过施工图审查的民用建筑施工图设计文件；

5）在建项目建筑节能施工质量情况；

6）建筑节能信息公示和建筑能效测评情况。

3. 工程资料相关标准实施执行情况检查程序、目的各有哪些？

答：（1）工程资料检查程序

1）听取被查地市贯彻执行工程建设强制性标准和建筑节能政策情况；

2）查看被检地市有关执行工程建设强制性标准和建筑节能的具体文件及资料；

3）按照"随机抽取"的原则，对建设项目进行检查。听取建设、施工、监理、勘察设计等单位的汇报，查看施工图文件、检测报告等有关内业资料，重点检查施工现场的安全、质量、建筑节能的强制性标准执行情况。每个地市级城市抽查工程项目不少于 5 个。其中市级城市不少于 3 项，县级城市不少于 2 项，抽查的项目中自建和未检项目各占 50%。

（2）检查目的

1）进一步增强对工程建设强制性标准执行和建筑节能工作

重要性和紧迫性的认识；

2）督促贯彻落实《工程建设质量管理条例》、《民用建筑节能条例》；

3）监督各建设、设计、施工、监理单位、施工图审查机构严格执行工程强制性标准，落实国家建设部和省关于工程建设强制性标准和建筑节能的政策措施；

4）总结工程建设强制性标准执行工作中好的经验和做法，及时发现存在的问题并提出改进措施。

4. 主要对标准应用状况进行哪些评估？

答：按照标准实施评价规范的要求，在节能减排、工程质量安全、环境保护等重点领域，对已实施标准的先进性、科学性、协调性和可操作性开展评估。以政府投资工程为重点，对工程项目执行标准的全面、有效和准确程度开展评估。选择有条件的规划、设计、施工等企业，对标准体系建设、标准培训及实施管理等企业标准化工作情况开展评估。

5. 标准实施的经济效果评价效果有哪些？

答：开展安全标准管理，各个方面真正符合管理的要求，长期坚持就会使标准化管理成为常态化，各部门工作规范化。安全管理人员、部门只需要按标准化要求，组织进行内部评审，看各部门的工作是否符合要求。通过外部评审，找出本单位在安全标准化管理中存在的问题，进一步提高管理水平。

这样，长期来说，一是安全管理人员被动应付的少了，重大事故发生率自然就会下降，这是开展安全标准化的效果，归结到经济上，这使发生事故导致的直接经济损失减少，单位在社会上的负面影响消除，各层各级可以专心搞经济建设，不会因为发生事故，受到安监、环保、消防等部门的停产指令，导致间接经济效益损失。

6. 标准实施的环境价值评价的直接市场法具体内容有哪些?

答: 直接市场法就是直接运用货币价格 (市场价格或影子价格), 对项目建设可能影响的环境质量变动进行观察和度量的方法。主要包括:

(1) 市场价值或生产率法

工程项目的投资建设活动对环境质量的影响, 可能导致相应的商品市场产出水平发生变化, 因而可以用产出水平的变动导致的商品销售额的变动来衡量环境价值的变动。例如, 某种废弃物的排放会影响到其周围地区其他厂商的生产, 因而就可以用其他厂商因减产而减少的国民生产总值来计算环境价值。如果环境质量变动影响到的商品是在市场机制的作用发挥得比较充分的条件下销售的, 就可以直接利用该商品的市场价格来计量环境价值。如果环境质量变动影响到的商品是在市场机制不够完善的条件下销售的 (比如存在着垄断或价格补贴, 或者企业不自负盈亏, 因而可以不顾市场供求状况和产品销售状况乱涨价等), 应采用影子价格来计算环境影响价值。

(2) 人力资本法或收入损失法

环境质量变化对人类健康有着多方面的影响。这种影响不仅表现为因劳动者发病率与死亡率增加而给生产直接造成的损失 (可采用市场价值法进行测算), 而且还表现为因环境质量恶化而导致的医疗费开支的增加, 以及因为人们过早得病或死亡而造成的收入损失等等。人力资本法或收入损失法是专门用于评估反映在人身健康上的环境价值评价方法。从经济学的角度看, 人力资本是指体现在劳动者身上的资本, 它主要包括劳动者的文化技术水平和健康状况。人力投资是对劳动者健康状况和文化技术水平所进行的投资。人力投资的成本 (费用) 包括个人和社会用于教育及卫生保健等方面的支出, 人力投资的收益 (效益) 包括个人受教育和接受卫生保健后所带来的个人收入增加和社会效益。为简化计算, 人力资本法只计算因环境质量的变化而导致的医疗费开支的增加，以及因劳动者过早生病或死亡而导致的个人收入损失。前者相当于因环境质量变化而增加的病人人数与每个病人的平均治疗费（按不同病症加权计算）的乘积，后者则相当于环境质量变动对劳动者预期寿命和工作年限的影响与劳动者预期收入（扣除来自非人力资本的收入）的现值的乘积。

（3）防护费用法

当某种活动有可能导致环境污染时，人们可以采取相应的措施来预防或治理环境污染。利用采取这些措施所需费用来评估环境价值的方法就是防护费用法。防护费用的负担可以有不同的方式，如采取"谁污染，谁治理"的方式，由污染者购买和安装环保设备自行消除污染，或采取"谁污染，谁付费"的方式，建立专门的污染物处理企业对污染物进行集中处理，也可以采取受害者自行购买相应设备（如噪声受害者在家安装隔声设备），而由污染者给予相应补偿的方式。所需费用就可以作为工程项目环境影响价值测算的一种依据。

（4）恢复费用法或重置成本法

假如导致环境质量恶化的环境污染无法得到有效的治理，那么就不得不用其他方式来恢复受到损害的环境，以便使原有的环境质量得以保持。将受到损害的环境质量恢复到受损害以前状况所需要的费用就是恢复费用。恢复费用一般采用重置成本进行计算，以准确反映现实价格水平下的恢复成本。

（5）影子项目法

影子项目法是恢复费用法的一种特殊形式。当某一项目的建设会使环境质量遭到破坏，而且在技术上无法恢复或恢复费用太高时，人们可以同时设计另一个作为原有环境质量替代品的补充项目，以便使环境质量对经济发展和人民生活水平的影响保持不变。同一个项目（包括补充项目）通常有若干个方案，这些可供选择但不可能同时都实施的项目方案就是影子项目。在环境污染造成的损失难以直接评估时，人们常采用这种能够保持经济发展和人民生活不受环境污染影响的影子项目的费用来估算环境质量变动的货币价值。

7. 标准实施的环境价值评价的替代市场法具体内容有哪些?

答：在现实生活中，存在着这样一些商品和劳务，它们是可以观察和度量的，也是可以用货币价格加以测算的，但是它们的价格只是部分地、间接地反映了人们对环境价值变动的评价。用这类商品与劳务的价格来衡量环境价值变动的方法，就是替代市场法，又称间接市场法。替代市场法力图寻找到那些能间接反映人们对环境质量评价的商品和劳务，并用这些商品和劳务的价格来衡量环境价值。由于这种方法涉及的信息往往反映了多种因素产生的综合性后果，而环境因素只是其中因素之一，而且排除其他方面的因素对数据的干扰往往十分困难，使得这种方法所得出的结果可信度较低。替代市场法主要包括如下几种：

（1）后果阻止法

环境质量的恶化会对经济发展造成损害。为了阻止这种后果的发生，可以采用两类办法：一是对症下药，通过改善环境质量来保证经济发展。但在环境质量的恶化已经无法逆转（至少不是某一当事人甚至一国可以逆转）时，往往采取另一类办法，即通过增加其他的投入或支出来减轻或抵消环境质量恶化的后果。在这种情况下，可以认为其他投入或支出的变动额就反映了环境价值的变动。用这些投入或支出的金额来衡量环境质量变动的货币价值的方法就是后果阻止法。

（2）资产价值法

资产价值法有时又被称为舒适性价格法。房屋、土地等与当地环境条件有密切关联的资产的价值，受当地环境质量的影响非常明显。在其他条件不变的前提下，环境质量的差异将影响到消费者的支付意愿，进而影响到这些资产的市场价格。因此可以采用因周围环境质量的不同而导致的同类房地产等资产的价格差异（其他条件相同），来衡量环境质量变动的货币价值。

（3）工资差额法

在其他条件相同时，劳动者工作场所环境条件的差异（例如噪音的高低和是否接触污染物等）会影响到劳动者对职业的选择。为了吸引劳动者从事工作环境比较差的职业并弥补环境污染给他们造成的损失，厂商就不得不在工资、工时、休假等方面给劳动者以补偿。这种用工资水平的差异（工时和休假的差异可以折合成工资）来衡量环境质量的货币价值的方法，就是工资差额法。

（4）旅行费用法

这种方法认为，旅游者前往诸如名山大川、奇峰怪石、珍禽异兽等舒适性环境资源的旅行费用（包括旅游者所支付的门票价格，前往这些地方所需要的费用和旅途所用时间的机会成本）在一定程度上间接地反映了旅游者对其工作和居住地环境质量的不满，从而反映了旅游者对环境质量的支付意愿。因此，在排除了其他因素（如收入）的影响后，就可以用旅行费用来间接衡量环境质量变动的货币价值（包括旅游点的环境质量货币价值和旅游者工作和生活地点的环境质量货币价值）。

8. 标准适用性的评价意愿调查评价法包括哪些内容？

答：如果找不到环境质量变动导致的可以观察和度量的结果（不论这种结果能够直接定价，还是需要间接定价），或者评估者希望了解被评估者对环境质量变动的支付意愿或受偿意愿，在这种情况下，可通过对被评估者的直接调查，来评估他们的支付意愿或受偿意愿。这就是意愿调查评价法，主要包括：

（1）直接询问调查对象的支付意愿或受偿意愿

具体做法包括：①叫价博弈法。通过模仿商品的拍卖过程，对被调查者的支付意愿或受偿意愿进行调查。调查者首先向被调查者说明环境质量变动的影响以及解决环境问题的具体办法，然后询问被调查者，为了改善环境，是否愿意付出一定数额的货币（或者是否愿意在接受一定数额的补偿的前提下，接受环境质量的某种程度的恶化），如果被调查者的回答是肯定的，就再提高（在涉及补偿的情况下是降低）金额，直到被调查者作出否定的回答为止。然后调查者再变动金额，以便找出被调查者愿意付出的精确金额。②权衡博弈法。通过被调查者对两组方案的选择，来调查被调查者的支付意愿或受偿意愿。调查者首先要向被调查者说明环境质量变动的影响以及解决环境问题的具体办法，然后提出两组方案。其中，第一组只包括一定的环境质量，第二组除了一定的环境质量之外，还需要被调查者支付一定数量的金额（或者给被调查者一定数量金额的补偿），调查者要求被调查者在环境质量与货币支出的不同组合中做出选择。如果被调查者选择了第一组，那就降低要求被调查者支付的金额（或提高给被调查者的补偿金额），如果被调查者选择了第二组，那就提高要求被调查者支付的金额（或降低给被调查者的补偿金额），直到被调查者感到无论选择哪一组方案都一样时为止。此时，调查者将所有的被调查者在第二组方案中愿意付出或愿意接受的金额汇总，就可以得出上述环境质量差异的货币价值。

（2）询问调查对象对某些商品或劳务的需求量，从中推断出调查对象的支付意愿或受偿意愿。主要包括：①无费用选择法。要求被调查者在若干组方案之间进行选择，但无论哪一组方案都不要求被调查者付款，而只要求被调查者选择由一定的环境质量和一定数量的其他商品或劳务（也可以包括货币）组成的组合。这样，被调查者对环境质量差异的受偿意愿，就可以通过他们对其他商品或劳务的选择表现出来。②优先评价法。首先告诉被调查者不同的环境质量（例如不同水质的自来水）的价格，然后给被调查者一个预算额，要求被调查者用这些钱（必须用尽）去购买包括环境质量在内的一组商品。这样，被调查者对环境质量变动的支付意愿，就可以通过他们购买的商品组合表现出来。③德尔菲法。通过专家调查来获取环境质量评价的信息。

意愿调查评价法直接评价调查对象的支付意愿或受偿意愿，从理论上讲，所得结果应该最接近环境质量的货币价值。但是，必须承认，在确定支付意愿或受偿意愿的过程中，调查者和被调查者所掌握的信息是非对称的，被调查者比调查者更清楚自己的意愿。加上意愿调查评价法所评估的是调查对象本人宣称的意愿，而非调查对象根据自己的意愿所采取的实际行动，因而调查结果存在着产生各种偏倚的可能性。当调查对象相信他们的回答能影响决策，从而使他们实际支付的私人成本低于正常条件下的预期值时，调查结果可能产生策略性偏倚；当调查者对各种备选方案介绍得不完全或使人误解时，调查结果可能产生资料偏倚；问卷假设的收款或付款的方式不当，调查结果可能产生手段偏倚；调查对象长期免费享受环境和生态资源而形成的"免费搭车"心理，会导致调查对象将这种享受看作是天赋权利而反对为此付款，从而使调查结果出现假想偏倚。由此可见，如果不进行细致的准备，这种方法得出的结论很可能出现重大偏差。所以在估算环境质量的货币价值时，应该尽可能地采用直接市场法；如果采用直接市场法的条件不具备，则采用替代市场法。只有在上述两类方法都无法应用时，才不得不采用意愿调查评价法。

9. 环境影响损失的评价的内容有哪些？

答：（1）环境污染治理费用及环境保护成本

环境污染治理费用，是指工程项目的建设事实造成环境污染后，为了对环境进行治理和消除污染而投入的资源的总和。环境保护成本包括环境治理费用、为预防环境破坏而投入的费用、给受害者的补偿费用、发展环境保护产业投入的费用、资源闲置的损失等可能导致的各种损失之和，环境污染治理费用只是环境保护成本的一个组成部分，即仅指环境保护成本中的环境治理费用。

1）洪灾、涝灾环境影响损失估算

① 洪灾环境影响损失估算。洪灾环境影响损失的估算，着重于受工程影响发生洪灾的工矿企业、铁路、公路等设施及房屋、农作物、幼林地等财产损失，通常为直接经济损失。除此以外，还有因洪灾长期淹水或决堤及垮坝的高速水流袭击造成的间

接经济损失，如人群发病率、死亡率的增加，淹没区范围以外影响地区，由于洪灾而造成产品积压、原料短缺、供水不足等原因引起的经济损失。一般通过评价洪水淹没范围及程度，估算淹没地区的农作物、林木、工程设施、居民家产、工矿企业财产、事业单位资产等财产价值，并考虑财产损失率进行计算

② 涝灾环境影响损失估算。涝灾通常是由于工程的兴建（如水电、防洪、公路、铁路等大型工程），改变了天然的地形、地貌，引起地下水位及水流排泄条件的改变，从而影响了生态环境的变化，导致经济损失。从环境角度看，涝灾引起的经济损失，除了对农作物导致减产、甚至绝收外，还将导致饮用水质污染、人群传染病发病率上升及防疫消毒人员、药剂的增加。财产损失包括农作物经济损失、土壤盐碱化的经济损失等。可通过当地同类型农作物损失率或减产率调查确定

2）水土流失、人群健康环境影响损失估算

① 水土流失环境影响损失估算。由于工程的兴建和运行，工程强化了水土流失的进程（速率），或增大了水土的流失量，这是工程项目对环境造成的直接影响。而水土流失量或强度的增大，又引起诸多环境的变化。在计算环境影响经济损失时，应包括工程对水土流失的影响和水土流失对次生环境的影响两个方面。工程对水土流失的影响，包括人为地对土地造成破坏而失去土地或改变景观，或由于工程实施引起的对土地破坏而失去土地或改变景观两个方面。

② 人群健康影响经济损失的估算

估算人群健康影响的经济损失，其前提是工程对人群确实具有诱发疾病甚至造成死亡的因素，即通过环境医学对人群发病率及死亡率的专门预测，分析研究，具体指出工程（或整个区域内的有关工程）影响人群发病率和死亡率增量。而如果环境医学专业提不出具体数据，则人群健康影响经济损失就无法估算。但这并不妨碍开展该项经济损失估算方法的研究，因为对人群发病率及死亡率的预测，不属于环境经济的范畴，它的任务是如何根据

环境医学提出的具体数据，通过某种方法，将这部分经济损失估算出来。估算人群健康影响的经济损失，则必先确定人的生命价值。一旦工程对环境的影响，人的发病率及死亡率增量得以确定，通过人的生命价值的估算，就可推求出人群健康影响的环境经济损失。

（2）水体、大气污染环境损失的估算

1）水体污染环境损失的估算

水体污染是指由于工程项目的实施而引起的废水及污水的排放，使清洁的天然水体水质超标，导致水体功能减弱或丧失而遭受的损失。一般应考虑缺水的经济损失，包括由于供水水源断绝而引起的工业用水、生活用水和灌溉用水损失，由于工程项目造成的低温水对农业灌溉、渔业生产造成的损失，热污染、水体污染对水体中鱼类引起的减产经济损失

2）大气污染经济损失的估算

大气中的 SO_2、NOx、TsP、CO、CnHm 及某些放射性物质，一旦进入人体并超过剂量时，将导致人体死亡。大气中的 SO_2，是引起酸雨的主要原因，并导致土壤酸性增加，直接影响林木、农作物产量、渔产量，对设备产生腐蚀，影响设备寿命，造成经济损失

（3）其他环境影响损失的计算

1）诱发地震的损失估算

诱发地震指因工程的兴建而引起的地震，或因工程的存在，而使地震烈度增大。以水利水电工程为例，水库蓄水后，引起地壳应力变化及地下水状态改变，导致原有的断层复活。水利工程项目诱发地震的成因大致可分为三类：一是在巨大重力梯度带或地幔隆起的边缘部位，积累了较大应变能和重力能，构造发育地区的地震；二是水库蓄水触发滑坡、崩塌而引起的滑塌地震；三是由于岩溶区蓄水，导致溶洞塌陷而引起的陷落地震。

影响范围及财产损失的确定，如为诱发地震，则可根据诱发地震烈度分布图，勾画出各烈度等级影响面积，并进行重点调查

分析。在条件许可情况下，应调查各建（构）筑物的抗震能力，以便确定破坏程度及财产损失率。经济损失包括财产经济损失和因受地震或地面塌陷引起停产的利税损失两个部分，应分别进行估算。当有地震监测设施时费用一并计入。

2）土壤污染损失估算

引起土壤污染的途径，有直接的（如废气排放降尘、废水排放、废渣等）和间接的（如工程引起咸水上溯、排水受阻、渍水等）两种情况。前种途径多属污染型工程；后种多属破坏型工程。由于土壤环境改变造成的经济损失，往往是同农作物（或林木）产量及质量联系在一起的。单纯的土壤环境（实际是土质）改变本身，不可能分析其经济损失。也就是说，土壤污染，土壤的价值将随之降低，而土壤价值是通过它的功能来体现的。对土壤污染导致其价值降低的最明显的例子，是酸、碱污染，它的作用可使农作物或林木、草场绝产。至于重金属污染，由于重金属在土壤中的富集是一个缓慢的过程，通常对植物根系、茎叶、籽粒的质量产生影响，当籽粒或牧草中重金属含量超过规定的食用标准时，则也应视为绝产，估算相应的损失。

3）放射性污染损失估算

放射性物质的污染，是指核子工程或有放射性物质"三废"排放的工程，根据其对人体危害程度及其相关关系，估算其对人的生命价值损失。因放射性物质的排放，不仅污染大气，而且污染水体，因此放射性污染所遭受的经济损失，除了造成人的生命价值损失之外，还将产生陆生生物、水生生物的经济损失。其经济损失估算，包括大气污染和水体污染所引起的经济损失之总和。

4）野生动植物损失估算

从环境经济角度看，野生动植物可分为普通的和珍稀的两大类。它们都具有共同的生命价值（或生态价值）以及科研、物种价值，但在对价值的估算方法上有所不同，前者以其肉食价值（价格）或生态价值的分析为主；后者则以估算其生命价值或科

194

研价值为主。由于珍稀动植物属濒危物种，应赋予较高的生命价值和科研、物种价值。

野生动物的生命价值，按其物种分类，可采用不同的估算方法，并从科学研究及物种价值、观赏价值和肉食价值、生态价值几个方面体现出来。但野生动物的生命价值，只能是其中的某一种计算价值。例如，一种动物的生命价值已计算了其科研、物种价值，则不能再加上它的观赏价值或生态价值。野生植物也同野生动物一样，具有生长、消亡的过程，它们的自然存活历时，一般都比野生动物长许多倍，并具有与野生动物同样的科研、物种价值、生态价值、观赏价值及社会价值。

5）文物古迹环境损失估算

文物古迹，包括人文遗迹、古文物及古代建筑等，它们都具有科学研究价值、观赏旅游价值及出口创汇价值。原则上所有的文物古迹都应受到保护，是一项重要的国有资源。从环境经济角度看，任一项文物古迹都具有价值。对它们的破坏，都会造成相应的经济损失。在评价中应测算其科学研究价值、旅游价值和观赏价值。

6）工程对矿藏损失的估算

工程对矿藏的影响有两种情况。一种为工程影响周围正在开采的矿藏，另一种是已查明工程影响地区，地下埋有矿藏，但尚未开采。两种情况的影响结果不同。对正在开采的矿藏，不仅有尚未被开采出来的矿石量，还有一整套设备、坑道、房屋及职工。工程一旦上马，最大可能是使整个采矿设施报废，余下未开采的矿产资源遭受损失。矿山停产，职工失业；或者工程干扰、破坏采矿作业，被迫改变采矿方式、改道运输，使部分采矿设施报废、更换采矿设备，部分财产蒙受损失。对于待开发的矿产资源，如工程一旦上马，最大可能是使整个矿产资源埋没，即使在技术上可行，但经济上不合理，使矿产资源蒙受损失；再一种可能是，工程影响了矿山开采工艺，本来可用省钱的工艺，而不得不采用高成本的工艺，影响利税收入。因此，工程对矿藏经济损失的估算，应根据矿石储藏量、矿藏种类、开采年限、开采价值及工程对矿藏的影响方式、影响程度等因素综合考虑计算。

7）噪声环境损失估算

噪声可使人的脑电波发生变化，引起头晕、失眠、嗜睡、易疲劳、记忆力衰减、注意力不集中等病症，严重者可发展为精神错乱。引起的经济损失可通过医疗费用、影响区覆盖面积、人口密度、劳动生产率的损失情况及人口增长率等因素进行估算。

10. 环境影响效益评价包括哪些内容？

答：工程项目环境影响效益，是指并未采取任何环境保护措施，由工程本身固有的特性所引发的效益。在工程项目的主体工程投资中并没有考虑这些效益，也不属主体工程功能的范畴，只是在客观上对环境产生有利的作用。工程项目环境影响效益评价主要包括如下内容：

（1）水电工程尾水供水环境效益

水利水电工程的兴建，使得坝下河道水情发生变化，洪峰流量降低，而枯水期流量增大。特别是对于某些中、小型水电工程，对下游河水，工程建设前、后影响较大。在天然状态下的下游河道，枯水期供水量不足，常常引起工、农业用水争水现象；而在丰水期，则大量水流失，不能利用。水电工程建成后，由于水库的调节作用，客观上减缓了下游供水部门的缺水矛盾，同时提高了供水部门的收益，这种增收，应归功于上游水电工程的兴建。包括灌溉供水效益和工业供水效益，又分为增加供水量的效益和水质改善的效益。

（2）渔业经济效益

水库工程及其他有利于水产养殖的工程，都可获得渔业经济效益。水库工程，是为实现其他目的而建设的，不包括以发展渔业为目的的工程。这种经济效益，是主体工程所赋予的。水库蓄水，扩大了水面积，水深增加，提供了充足的水生生物的生存环境，渔产量以水面面积的倍数增加；另一方面，水库的生物量高于天然河道的生物量，即渔产量也将比天然河道高。两者作用的结果，水库的渔产量将明显增加，从而产生相应的效益。

（3）旅游经济效益

许多并非以旅游为目的的建设项目，却能产生明显的旅游经济效益。一般采用旅游费用法和旅游日价值法进行测算。

（4）替代工程环境效益

某一项工程建设，或某一种生产工艺的改善，都同时存在另一项或多项替代工程（或项目）。如电镀工艺中的低铬镀液、机械零件的电泳漆工艺及其他变为轻污染或无污染的技改项目，都是比较先进（对环境影响而言）的生产工艺。而在它们进行技改之前，都存在高浓度含铬废液及漆液的老生产工艺，虽然它们所生产的产品没有改变，但由于两者的工艺路线不同，引起环境的污染程度也不同。我们把技改前的工艺路线方案，称为替代方案，或叫替代工程。而替代工程的环境影响总经济损失与建设项目的环境影响总经济损失之差，可作为拟建项目环境效益的测算依据。

（5）洪水泛滥土壤增肥的经济效益

工程项目造成的洪灾虽然能给农作物带来淹没损失，但同时农田受洪水淹没以后，还可使其土壤肥力增加，农作物增产而获得效益。其效益计算，可以有针对性地选择一些代表性地区，将洪灾后次年（不再有洪灾发生的年份）的农作物产量与灾前一年的产量比较，当灌溉及其他农业技术措施均相同时，洪灾后一年和前一年的产量差值，即为洪灾引起土壤增肥所获得的增产效益。

11. 怎样进行环保措施工程的效益评价？

答：环保措施就是为了减少工程对环境的经济损失而采取的工程措施。一般的污染型工程建设项目，对环境的影响多以损失为主。而这种经济损失，只有用产品的销售效益或社会效益才能加以补偿。并且，前述的环境经济损失，系指受工程污染物（或破坏性因素）对环境造成污染（或破坏）而引起的，也是在没有采取任何防治（或保护）措施的情况下而发生的。实际上，对环境有较大影响的工程，按照有关法规，不可能不采取任何措施，而让其任意排放。所以，产生的实际环境影响经济损失，要比前述的计算结果小得多。采取措施后的环境影响效益，应为采取措施前、后损失之差值。

工程对环境影响的形式，有污染型和破坏型之分。工程项目所采用的环保措施，包含治理、预防和保护等各种措施。在具体评价中，应结合排水、排涝、水土保持、水质保护、大气保护、防止诱发地震、野生动植物环境保护、文物古迹保护、矿藏保护、噪音防治、人群健康保护等各种环保措施的特点，分别评价其环境效益。

第四章 专业技能

第一节 工程项目应执行的工程建设
标准及强制性条文

1. 工程项目应执行的工程建设标准有哪些?

答:(1)《建筑工程施工质量验收统一标准》GB 50300;

(2)《建筑地基基础工程施工质量验收规范》GB 50202;

(3)《砌体结构工程施工质量验收规范》GB 50203;

(4)《混凝土结构工程施工质量验收规范》GB 50204;

(5)《钢结构工程施工质量验收规范》GB 50205;

(6)《木结构工程施工质量验收规范》GB 50206;

(7)《屋面工程质量验收规范》GB 50207;

(8)《地下防水工程质量验收规范》GB 50208;

(9)《建筑地面工程施工质量验收规范》GB 50209;

(10)《建筑装饰装修工程质量验收规范》GB 50210;

(11)《建筑给水排水及采暖工程施工质量验收规范》GB 50242;

(12)《通风与空调工程施工质量验收规范》GB 50243;

(13)《建筑电气工程施工质量验收规范》GB 50303;

(14)《电梯工程施工质量验收规范》GB 50310;

(15)《智能建筑工程质量验收规范》GB 50339;

(16)《建设工程监理规范》GB/T 50319;

(17)《建设工程项目管理规范》GB/T 50326;

(18)《建筑工程施工质量验收统一标准》GB 50300;

(19)《建设工程质量检测管理办法》(建设部第 141 号令)。

2. 我国实行强制招标的建设工程有哪些？其规模标准是怎样规定的？

答：实行项目招标的范围：

（1）关系社会公共利益、公众安全的基础设施项目的范围包括：

1）煤炭、石油、天然气、电力、新能源等能源项目；

2）铁路、公路、管道、水运、航空以及其他交通运输等交通运输项目；

3）邮政、电信枢纽、通信、信息网络等邮电通讯项目；

4）防洪、灌溉、排涝、引（供）水、滩涂治理、水土保持、水利枢纽等水利项目；

5）道路、桥梁、地铁和轻轨交通、污水排放及处理、垃圾处理、地下管道、公共停车场等；

6）城市设施项目；

7）生态环境保护项目；

8）其他基础设施项目。

（2）关系社会公共利益、公众安全的公用事业项目的范围包括：

1）供水、供电、供气、供热等市政工程项目；

2）科技、教育、文化等项目；

3）体育、旅游等项目；

4）卫生、社会福利等项目；

5）商品住宅，包括经济适用住房；

6）其他公用事业项目。

（3）使用国有资金投资项目的范围包括：

1）使用各级财政预算资金的项目；

2）使用纳入财政管理的各种政府性专项建设基金的项目；

3）使用国有企业事业单位自有资金，并且国有资产投资者实际拥有控制权的项目。

（4）国家融资项目的范围包括：

1）使用国家发行债券所筹资金的项目；

2）使用国家对外借款或者担保所筹资金的项目；

3）使用国家政策性贷款的项目；

4）国家授权投资主体融资的项目；

5）国家特许的融资项目。

（5）使用国际组织或者外国政府资金的项目的范围包括：

1）使用世界银行、亚洲开发银行等国际组织贷款资金的项目；

2）使用外国政府及其机构贷款资金的项目；

3）使用国际组织或者外国政府援助资金的项目。

招标工程项目的规模标准：

上列规定范围内的各类工程建设项目，包括项目的勘察、设计、施工、监理以及与工程建设有关的重要设备、材料等的采购，达到下列标准之一的，必须进行招标。

（1）施工单项合同估算价在 200 万元人民币以上的；

（2）重要设备、材料等货物的采购，单项合同估算价在 100 万元人民币以上的；

（3）勘察、设计、监理等服务的采购，单项合同估算价在 50 万元人民币以上的；

（4）单项合同估算价低于第（1）、（2）、（3）项规定的标准，但项目总投资额在 3000 万元人民币以上的。

3. 工程建设标准化包括哪些内容？

答：（1）工程建设标准。工程建设标准是为在工程建设领域内获得最佳秩序，对建设活动或其结果规定共同的和重复使用的规则、导则或特性的文件。

（2）工程建设标准化。工程建设标准化是为在工程建设领域内获得最佳秩序，对实际的或潜在的问题制定共同的和重复使用的规则的活动。

（3）工程建设地方标准化。工程建设地方标准化是为使一定区域内的建设工程获得最佳秩序，对实际的或潜在的问题制定共同的和重复使用的规则的活动。

（4）标准、规范、规程。标准是为在一定的范围内获得最佳的秩序，对活动或其结果规定共同的和重复使用的规则、导则或特性的文件。

规范一般是在工农业生产和工程建设中，对设计、施工、制造、检验等技术事项所做的一系列规定。

规程则是对作业、安装、鉴定、安全、管理等技术要求和实施程序所做的统一规定。

标准、规范、规程都是标准的一种表现形式，习惯上统称为标准，只有针对具体对象才加以区别。

（5）工程建设标准体系。某一工程建设领域的所有工程建设标准，都存在着客观的内在联系，它们相互依存、相互制约、相互补充和衔接，构成一个科学的有机整体，这个科学的有机整体谓之工程建设标准体系。

（6）工程建设标准的对象。工程建设标准的对象是指各类工程建设活动全过程中，具有重复特性的或需要共同遵守的事项。

《工程建设标准强制性条文》是国务院《建设工程质量管理条例》的一个配套文件。条文是国务院 2000 年 4 月 20 日由国家建设部颁布实施的，条文共计 1549 条建标（2002）85 号通知'强制性条文'咨询委员会进行修编，由建设部审批发布。

所以，《工程建设标准强制性条文》最新版本为 2013 年版。分属建设过程内容九大篇中。

建筑工程强制性条文内容包括三个方面：一是从工程类别上，其对象包括房屋建设、市政公路、铁路、水运、航空、电力、石油、化工、水利、轻工、机械、纺织、林业、矿业、冶金、通讯、人防等各类建筑工程。二是从建设程序上，其对象包括勘察、规划、设计、施工安装、验收、鉴定、使用、维护、加固、拆除以及管理等多个环节。三是从需要统一的内容上，包括以下六点。

1）工程建设勘察、规划、设计、施工及验收等的技术要求；

2）工程建设的术语、符号、代号、量与单位、建筑模数和制图方法；

3）工程建设中的有关安全、卫生环保的技术要求；

4）工程建设的试验、检验和评定等的方法；

5）工程建设的信息技术要求；

6）工程建设的管理技术要求等。

（7）工程建设标准的特点：

1）综合性强；

2）政策性强；

3）受自然环境影响大。

（8）工程建设标准化管理的任务。《标准化法》第三条规定："标准化工作的任务是制定标准、实施标准和对标准的实施进行监督"。对于工程建设标准化工作，这三项任务多数是分工完成的，工程建设标准化管理机构除了制定工程建设标准化的法规和方针、政策外，重点还在于制定标准，依据标准，通过宣传、培训、合格评定、检查等途径，监督标准的实施。

（9）工程建设国家标准的分类：

1）工程建设行业标准，指没有国家标准，而又需要在全国某个行业内统一技术要求所制定的标准；

2）工程建设地方标准，指对没有国家标准、行业标准，而又需要在省、自治区、直辖市范围内统一的技术要求所制定的标准；

3）企业标准，指对企业范围内需要协调、统一的技术要求、管理要求和工作要求所制定的标准，是企业组织生产和经营活动的依据。

（10）企业标准与国家、行业、地方标准的区别：

1）标准化的对象不同；

2）标准的权威性不同；

3）标准实施的范围和要求不同；

（11）工程建设强制性标准的范围：

1）工程建设勘察、规划、设计、施工（包括安装）及验收等综合性标准和重要的质量标准；

2）工程建设有关安全、卫生和环境保护的标准；

3）工程建设重要的术语、符号代号、量与单位、建筑模数和制图方法标准；

4）工程建设重要的试验、检验和评定方法等标准；

5）国家需要控制的其他工程建设标准。

第二节　参与制定工程建设标准贯彻落实的计划方案

1. 工程建设标准实施计划方案包括哪些内容？

答：（1）指导思想。

（2）建设目标。

（3）建立组织机构。

（4）具体措施。

1）制定实施计划方案。

2）按照实施计划方案，由建设单位牵头组织监理单位、施工单位讨论，分析，确定工程施工中建设标准实施计划方案和进度。

3）以基础工程、主体结构、建筑安装、内部装修以及外部装修施工为主线，根据施工进度计划使各个分部、分项工程以及各个工序等执行符合国家标准的计划方案，并采取措施使标准实施计划落到实处。

4）加强施工过程中标准执行情况的检查落实和考核工作，使国家强制性标准的落实和执行成为施工人员的自觉行动和业务素养。

5）制定奖惩措施，确保房屋建筑工程施工过程中国家标准自始至终的执行和贯彻。

（5）考评和奖惩。

1）根据日常考核情况，对执行标准情况较好的相关单位和个人给予奖励。

2）根据日常考核情况，对执行标准情况较差的相关单位和个人给予经济处罚。

（6）国家标准执行进度计划。

1）施工准备阶段国家标准执行进度安排。

2）基础施工阶段国家标准执行进度安排。

3）主体工程施工阶段国家标准执行进度安排。

4）设备安装施工阶段国家标准执行进度安排。

5）室内装饰工程施工阶段国家标准执行进度安排。

6）室外装饰工程施工阶段国家标准执行进度安排。

7）工程竣工验收及移交阶段国家标准执行进度安排。

其中，层桥架、线管、配线、电缆施工、配电箱安装及压线施工、电缆敷设及压线施工、灯具与面板安装、卫生间排风扇吊架及风管安装、防雷接地及通电运行调试等施工阶段的国家强制性标准的执行计划要特别强调强制性条文的执行。

消防系统、弱电系统、空调系统、医用气体系统、净化系统、连廊施工、外围管网施工和硬化等配套施工积极配合内、外装修等专项施工中一定要明确标准的具体名称和所遵守的内容，特别强调强制性条文的贯彻和执行。

第三节　组织施工现场工程建设标准的宣传、贯彻和培训

1. 工程建设标准的适用范围怎样划分？

答：工程建设标准的适用范围如下：

（1）根据内容划分：设计标准、施工及验收标准、建设定额。

1）设计标准：是指从事工程设计所依据的技术文件。

2）施工及验收标准：施工标准是指施工操作程序及其技术要求的标准；验收标准是指检验、接收竣工工程项目的规程、办法与标准。

3）建设定额：是指国家规定的消耗在单位建筑产品上活劳动和物化劳动的数量标准，以及用货币表现的某些必要费用的额度。

（2）按国家级别划分的标准：国家标准→行业标准→地方标准→企业标准。

1）国家标准：是对需要在全国范围内统一的技术要求制定的标准。

2）行业标准：是对没有国家标准而又需要在全国某个行业范围内统一的技术要求所制定的标准。

3）地方标准：是在特定行政区域内需要统一的技术要求或制定的标准。

4）企业标准：是对企业范围内需要协调、统一的技术要求、管理事项和工作事项所制定的标准。

2. 怎样合理确定工程建设标准的宣传、贯彻和培训对象？

答：工程建设标准的宣传、贯彻和培训对象是：

（1）对设计标准的培训对象主要对从事设计和教学的专业技术人员进行培训，并督促检查其执行情况。

（2）施工及验收标准培训对象主要施工单位、监理单位和相关建设单位的项目管理专业技术人员。

（3）建设定额的培训对象是建设单位、施工单位和监理单位的造价管理人员和造价专业技术人员。

培训时还应根据不同培训对象，强调工程项目管理中对强制性标准的执行情况进行常态化和专项监督检查的内容和要求。强制性标准监督检查的内容包括：①有关工程技术人员是否熟悉、掌握强制性标准；②工程项目的规划、勘察、设计、施工、验收等是否符合强制性标准的规定；③工程项目采用的材料、设备是否符合强制性标准的规定；④工程项目的安全、质量是否符合强制性标准的规定；⑤工程中采用的导则、指南、手册、计算机软件的内容是否符合强制性标准的规定。

培训时需要强调，工程建设标准批准部门应当将强制性标准监督检查结果在一定范围内公告；工程建设强制性标准的解释由工程建设标准批准部门负责。有关标准具体技术内容的解释，工程建设标准批准部门可以委托该标准的编制管理单位负责。工程技术人员应当参加有关工程建设强制性标准的培训，并可以计入继续教育学时。

第四节　识读施工图

1. 怎样识读砌体结构房屋建筑平面施工图？

答：阅读建筑平面施工图首先必须熟记建筑图例（建筑图例可查阅国家标准《房屋建筑制图统一标准》GB/T 50001）。

（1）看图名、比例。先从图名了解该平面图表达哪一层平面，比例是多少；从底层平面图中的指北针明确房屋朝向。

（2）从大门开始，看房间名称，了解各房间的用途、数量及相互之间的组合情况。从该图可了解房间大门朝向、各功能房间的组合情况及具体位置等。

（3）根据轴线定位置，识开间、进深等。

（4）看图例，识细部，认门窗的代号。了解房屋其他细部的平面形状、大小和位置，如阳台、栏杆、卫生间的布置等其他空间利用情况。

（5）看楼地面标高，了解各房间地面是否有高差。平面图中标注的楼地面标高为相对标高，且是完成面的标高。

（6）看清内、外墙面构造装饰做法；同时弄懂屋面排水系统及地面排水系统的构造。

2. 怎样识读砌体结构房屋结构施工图？

答：结构施工图的阅读方法如下：

（1）从基础图开始，了解地基与基础的结构设计及要求，包括地基土、基础及基础梁的结构设计要求、标高和细部构造等，了解地下管网的进口和出口位置、地下管沟的构造做法及坡度，以及管沟内需要预埋和设置的附属配件等，为编制地基基础施工方案、指导地基基础施工做好准备。

（2）读懂首层结构平面布置图。弄清楚定位轴线与承重墙和非承重墙及其他构配件之间的关系，确定墙体和可能情况下所设置的柱的确切位置，为编制首层结构施工方案和指导施工做好准备。弄清构造柱的设置位置、尺寸及配筋。

（3）读懂标准层结构平面布置图。标准层是除首层和顶层之外的其他剩余楼层的通称，也是多层砌体房屋中占楼层最多的部分，一般说来，没有特殊情况，标准层的结构布置和房间布局各层相同，这时结构施工图的读识与首层和顶层没有差异。需要特别指出的是如果功能需要，标准层范围内部分楼层结构布置有所变化，这时就需要对照变化部分，特别引起注意，弄清楚这些楼层与其他大多数楼层之间的异同，防止因疏忽造成错误和返工。需要注意的是多层砌体房屋可能在中间楼层处需要改变墙体厚度，这时需要弄清墙体厚度变化处上下楼层墙体的位置关系、材料强度的变化等。楼梯结构施工图读识时应配合建筑施工图，对其位置和梯段踏步划分、梯段板与踏步板坡度，平台板尺寸、平台梁截面尺寸、跨度及其配筋等都应正确理解。同时还要注意各楼层板和柱结构标高的掌握和控制。弄清圈梁、构造柱的设置位置、尺寸及配筋以及它们之间的连接和它们与墙体之间的连接等。

（4）顶层、屋面结构及屋顶间结构图的读识。顶层原则上讲与标准层差别不大，只是在特殊情况下可能为满足功能需要在结构布置上有所变化。对于屋顶结构中楼面结构布置、女儿墙或挑檐、屋顶间墙体结构等应弄清楚，尤其是屋顶间墙体位置以及与主体结构的连接关系等。此外，还须弄清圈梁、构造柱的设置位置、尺寸及配筋以及它们之间的连接和它们与墙体之间的连接等。

3. 怎样识读多层混凝土结构房屋建筑施工图、结构施工图?

答：多层混凝土结构房屋建筑平面图的阅读方法与砌体结构

多层房屋的读识方法相同，这里不再赘述。此处回答多层混凝土结构房屋结构施工图的阅读方法：

（1）从基础图开始，了解地基与基础的结构设计及要求，包括地基土、基础及基础梁的结构设计要求、标高和细部构造等，了解地下管网的进口和出口位置、地下管沟的构造做法、坡度，以及管沟内需要预埋和设置的附属配件等，为编制地基基础施工方案、指导地基基础施工做好准备。

（2）读懂首层结构平面布置图。弄清楚定位轴线与框架柱和非承重墙及其他构配件之间的关系，确定柱和内外墙确切位置，为编制首层结构施工方案和指导施工做好准备。

（3）读懂标准层结构平面布置图。一般说来，没有特殊情况，标准层的结构布置和房间布局各层相同，这时结构施工图的读识与首层和顶层没有差异。需要特别指出的是如果功能需要，标准层范围内部分楼层结构布置没有明显变化，仅房间分隔可能不同，弄清楚发生变化的楼层与其他楼层之间的异同，防止因疏忽造成错误和返工。还需要弄清楚上下层柱钢筋和下柱钢筋的搭接位置、数量、长度等，需要注意的是多层钢筋同框架房屋可能在中间楼层处需要改变柱的截面尺寸或柱内配筋，这时需要弄清墙柱截面尺寸变化或柱内配筋变化部位上层柱之间的位置关系、上下层柱钢筋和下柱钢筋的搭接位置、数量、长度等，上下楼层墙体的位置关系、材料强度的变化等。有特殊部位的配筋及工作要求。如果是现浇楼屋盖，还应弄清梁板、内的配筋种类、位置、数量以及其构造要求；对于悬挑结构中配置在板截面上部的抵抗负弯矩的钢筋一定要慎重，施工中必须保证其位置的正确。对于处在角部和受力比较复杂的部位的框架柱的配筋需要认真弄懂；梁截面中部构造钢筋、抗扭钢筋、拉结钢筋应与纵向受力钢筋、箍筋同样高度重视；对于柱与填充墙的拉结筋应按设计需要不能遗忘；弄懂楼面上设置洞口时现浇板内配筋的构造要求。楼梯结构施工图读识时应配合建筑施工图，对其位置和梯段踏步划分、梯段板与踏步板坡度、平台板尺寸、平台梁截面尺寸、跨度及其配筋等都应正确理解。同时还要注意各楼层板和柱结构标高的掌握和控制。

（4）顶层、屋面结构及屋顶间结构图的读识。顶层原则上讲与标准层差别不大，只是在特殊情况下可能为满足功能需要在结构布置上有所变化。对于屋顶结构中楼面结构布置、女儿墙或挑檐、屋顶间柱及屋顶结构关系等应弄清楚，尤其是屋顶间柱的位置以及与主体结构柱的连接关系等。

4. 怎样识读单层钢结构厂房建筑施工图、结构施工图？

答：（1）建筑平面图的阅读方法

阅读建筑平面图首先必须熟记建筑图例（建筑图例可查阅国家标准《房屋建筑制图统一标准》GB/T 50001）。

1）看图名、比例。先从图名了解该平面图表达的比例是多少；从平面图中的指北针明确房屋朝向。

2）从厂房大门开始，看车间名称，了解车间的用途和工艺功能分区及组合情况。从平面图可了解车间大门朝向及与厂区主要交通线路的衔接关系。

3）根据厂房轴线定位，每根柱和纵向、横向定位轴线的关系，读识厂房柱距和跨度尺寸，轴线等。

4）看图例，识细部，认门窗的代号。了解厂房其他细部大小和位置，如工艺流水线的布置、主要设备在平面的具体位置，变形缝所在轴线位置。

5）看地面标高，了解地面和变形缝的位置和构造。平面图中标注的楼地面标高为相对标高，且是完成面的标高。

6）弄清柱顶标高、吊车梁顶面标高、牛腿顶面标高、吊车型号、柱间支撑的位置等。

7）弄清连系梁、圈梁在厂房空间的位置。

8）读识厂房屋顶结构支撑系统的布置，有天窗时的天窗及其支撑系统的建筑施工图。

9）看清内、外墙面构造装饰做法；同时弄懂屋面排水系统及地面排水的系统的构造。

（2）结构施工图的阅读方法

1）从基础图开始，了解地基与基础的结构设计及要求，包括地基土、地基基础及基础梁的结构设计要求、标高和细部构造等，了解地下管网的进口和出口位置、地下管沟的构造作法、坡度，以及管沟内需要预埋和设置的附属配件等，为编制地基基础施工方案、指导地基基础施工做好准备。

2）读懂结构平面布置图。弄清楚定位轴线与排架柱和围护墙及其他构配件之间的关系，确定排架柱和内外墙确切位置，弄清楚设备基础结构施工图及其预埋件、预埋螺栓等的确切位置，为编制结构施工方案和指导施工做好准备。

3）读懂排架柱与基础的连接位置、连接方式、构造要求等，为组织排架柱吊装就位打好基础。

4）读懂钢结构屋架施工图、支撑系统结构图、屋顶结构图。为屋架吊装和支撑系统的安装，屋顶结构层施工做好准备。

5）读识钢结构施工图时，需要对现场连接部位的焊接或螺栓连接有足够和充分的认识和把握，以便组织现场结构连接和拼接。

6）在读识钢结构施工图的同时，需要认真研读国家钢结构设计规范、施工验收规范等钢结构施工技术规程等，以便深刻、全面、细致、完整、系统了解钢结构施工图和细部要求，在施工中能够认真贯彻设计意图，严格按钢结构施工验收规范和设计图纸的要求组织施工。

5. 怎样读识勘察报告及其附图包括哪些内容？

答：（1）了解工程的勘察报告书的内容

1）拟建工程概述。包括委托单位、场地位置、工程简介，以往的勘察工作及已有资料等。

2）勘察工作概况。包括勘察的目的、任务和要求。

3）勘察的方法及勘察工作布置。

4）场地的地形和地貌特征、地质构造。

5）场地的地层分布、岩石和土的均匀性、物理力学性质、地基承载能力和其他设计计算指标。

6）地下水的类型、埋深、补给和排泄条件，水位的动态变化和环境水对建筑物的腐蚀性；以及土层的冻结深度。

7）地基土承载力指标与变形计算参数建议值。

8）场地稳定和适宜性评价。

9）提出地基基础方案，不良地质现象分析与对策，开挖和边坡加固等的建议。

10）提出工程施工和投入使用可能发生的地基工程问题及监控、预防措施的建议。

11）地基勘察的结果表及其所应附的图件。

勘察报告中应附的图表，应根据工程具体情况而定，通常应附的图表有：

1）勘察场地总平面示意图与勘察点平面布置图；

2）工程地质柱状图；

3）工程地质剖面图；

4）原位测试成果图表；

5）室内试验成果图。

当需要时，尚应包括综合工程地质图、综合地质柱状图，关键地层层面等高线图、地下水位等高线图、素描及照片。特定工程还应提供工程整治、改造方案图及其计算依据。

（2）读懂地质勘察报告中常用图表

1）勘探点平面布置图。勘探点平面布置图是在建筑场地地形图上，把建筑物的位置、各类勘探及测试点的位置、符号用不同的图例表示出来，并注明各勘探点和测点的标高、深度、剖面线及其编号等。

2）钻孔柱状图。钻孔柱状图是根据孔的现场记录整理出来的，记录中出了注明钻进根据、方法和具体事项外，其主要内容是关于地层分布（层面的深度、厚度）、地层的名称和特征的描述。绘制柱状图之前，应根据土工试验结果及保存于钻孔岩芯箱中的土样对分层情况和野外鉴别记录进行认真的校核，并做好分层和并层工作，当测试结果和野外鉴别不一致时，一般应以测试结果为主，只是当试样太少且缺乏代表性时才以野外鉴别为准。绘制柱状图时，应自上而下对地层进行编号和描述，并用一定比例尺、图例和符号绘图。在柱状图中还应同时标出取土深度、地下水位等资料。

3）工程地质剖面图。柱状图只能反映场地某一勘探点地层的竖向分布情况，剖面图则反映某一勘探线上地层岩水箱和水平向的分布情况。由于勘探线的布置常与主要地貌单元或地质构造轴线相垂直，或与建筑物的轴向相一致，故工程地质剖面图是勘察报告的基本的图件。

剖面图的垂直距离和水平距离可采用不同的比例尺，绘制时首先将勘探线的地形剖面线画出来，然后标出勘探线上各钻孔的地层层面，并在钻孔的两侧分别标出层面的高程和深度，再将相邻钻孔中相同的土层分界点以直线相连。当某地层在邻近钻孔中缺失时，该层可假定于相邻两孔之间消失，剖面图中应标出原状土样的取样位置和地下水位的深度。各土层应用一定的图例表示。也可以只绘制出某一地层的图例，该层未绘制出图例的部分，可用地层编号来识别，这样可以使图面更清晰。

柱状图和剖面图上，也可同时附上土的主要物理力学性质指标及某些试验曲线（如触探或标准贯入试验曲线等）。

4）综合地质柱状图。为了简明扼要的表示所勘探地层的层次及其主要特征和性质，可将该区地层按新老次序自上而下以1∶50～1∶200的比例绘成柱状图。图上注明层厚、地质年代，并对岩石或土的特征和性质进行概括的描述。此图件称为综合地质柱状图。

5）土的物理力学性质指标是地基基础设计的依据。应将土的试验和原位测试所得的结果汇总列表表示。

6. 怎样识读建筑给水排水工程施工图？

答：（1）先看系统图，认清整套图里给水排水有几个系统，每个系统有几根立管，立管的高度，水平的环管是从哪层接的。

（2）逐层查看平面图，找出各系统立管处于哪些位置，水平干管及支管的走向。

（3）结合图纸说明、图例，了解各系统所用阀门的型号、规格，掌握泵的参数。

（4）查阅每个大样图，对各个管井、机房、卫生间的排布做一定的了解，因为设计人员不可能排布的十分精确，所以这些都是自己排布时可供参考的。

7. 供暖施工图的构成、和图示内容各有哪些？

答：（1）供暖施工图的构成

供暖工程是指在冬季创造适宜人们生活和工作的温度环境，保护各类生产设备正常运转，保证产品质量以保持室温要求的过程设施。供暖工程由三部分构成：产热部分——热源，如锅炉房、电热站等；输热部分——由热源到用户输送热能的热力管网；散热部分——各类型的散热器。供暖工程因热媒的不同，一般可以分为热水供暖和蒸汽供暖。

形象地说，一个供暖过程就是由锅炉将水加热成热水或蒸汽，然后由室外供热管送至各个建筑物，由各干管、立管、支管送至各散热器，经散热器降温后有支管、立管、干管、室外管道送回锅炉重新加热，继续循环。

供暖施工图一般分为室外和室内两部分。室外部分表示一个区域的供暖管网，包括总平面图、管道横纵剖面图、详图及设计施工说明；室内部分表示一幢建筑物的供暖工程，包括供暖平面图、系统图、详图及设计、施工说明。

（2）供暖施工图的图示内容

1）供暖平面图

①散热器的平面位置、规格、数量及安装方式。②供热干

管、立管、支管的走向、位置、编号及其安装方式。③干管上的阀门、固定支架等部件的位置。④膨胀水箱、排气阀等供暖系统有关设备的位置、型号及规格。⑤设备及管道安装的预留洞、预埋件、管沟的位置。

2）供暖系统图

①散热设备及主要附件的空间相互关系及在管道系统中位置。②散热器的位置、数量、各管径尺寸、立管编号。③管道标高及坡度。

3）详图

主要体现复杂节点、部件的尺寸、构造及安装要求、包括标准图及非标准图。非标准图指的是平面及系统中标示不清，又无国家标准图集的节点、零件等。

8. 怎样读识供暖施工图?

首先应熟悉图纸目录，了解设计说明，了解主要的建筑图及有关的结构图。在此基础上将供暖平面图和系统图联系对照读识，同时再辅以有关详图配合读识。

（1）读识图纸目录和实际说明

1）熟悉图纸目录。从图纸目录中可知工程图纸的种类和数量，包括所选用的标准图及其他工程图纸，从而可以粗略地得知工程概貌。

2）了解设计和施工说明，它通常包括：

①设计所使用的有关气象资料、卫生标准、热负荷量、热指标等基本数据。②供暖系统的形式、划分及编号。③统一图例和自用图例符号的含义。④图中未加表明或不够明确而需特别说明的一些内容。⑤统一做法的说明和技术要求。

（2）读识供暖平面图

1）明确室内散热器的平面位置、规格、数量以及散热器的安装方式（明装、暗装或半暗装）。散热器一般布置在窗台下，以明装为最常见，一般若为暗装或半暗装就会在图纸中加以说明。散热器的规格较多，除可依据图例加以识别外，一般在施工说明中均有注明。散热器的数量均标注在散热器旁，这样可以让使用图纸者一目了然。

2）连接水平干管的布置方式。识读时需要注意干管敷设在最高层、中间层还是最底层，以了解供暖系统是上分式、中分式或是下分式，还是水平式系统。此外，还应搞清干管上的阀门、固定支架、补偿器等的位置、规格及安装要求等。

3）通过立管编号，查清立管系统数量和位置。

4）了解供暖系统中，膨胀水箱、集气罐（热水供暖系统）、疏水器（蒸汽供暖系统）等设备的位置、规格以及设备管道的连接情况。

5）查明供暖入口及入口地沟或架空情况。当供暖入口无节点详图时，供暖平面图中一般将入口装置的设备如控制阀门、减压阀、除污器、疏水器、压力表、温度计等表达清楚，并注明规格、热媒来源、流向等。如供暖入口装置供暖标准图，则可按注明的标准图号查阅标准图。当有供暖入口详图时，可按图中所注详图编号查阅供暖入口详图。

（3）读识供暖系统图

1）安装热媒的流向确认供暖管道系统的形式及其联接情况，各管段的管径、坡度、坡向，水平管道和设备的标高以及立管编号等。供暖管道系统图完整表达了供暖系统的布置形式，清楚地标明了干管与立管以及立管与支管、散热器之间的连接方式。散热器支管有一定的坡度。其中，供水支管坡向散热器，回水支管则坡向回水立管。

2）了解散热器的规格及数量。当采用柱形和翼形散热器时，要弄清散热器的规格和片数（以及带脚片数）；当为光滑管散热器时，要弄清其型号、管径、排数及长度；当采用其他供暖设备时，应弄清设备的构造和标高（底部或顶部）。

3）注意查清其他附件与设备在管道系统中的位置、规格及尺寸并与平面图和材料表等加以核对。

4）查明供暖入口的设备、附件、仪表之间的关系，热媒来源、流向、坡向，标高，管径等。如有节点详图，则要查明节点详图编号，以便查阅。

9. 通风与空调工程施工图包括哪些内容？

答：通风与空调工程施工图一般由两大部分组成，即文字部分和图纸部分。文字部分包括图纸目录、设计施工说明、设备及主要材料表。

图纸部分包括基本图和详图。基本图包括空调通风系统的平面图、剖面图、轴测图、原理图等。详图包括系统中某局部或部件的放大图、加工图、施工图等。如果详图中采用了标准图或其他工程图纸，那么在图纸目录中必须附有说明。

（1）设计施工说明

设计施工说明包括采用的气象数据、空调通风系统的划分及具体施工要求等。有时还附有风机、水泵、空调箱等设备的明细表。具体地说，包括以下内容：

1）需要空调通风系统的建筑概况。

2）空调通风系统采用的设计气象参数。

3）空调房间的设计条件。包括冬季、夏季的空调房间内空气的温度、相对湿度（或湿球温度）、平均风速、新风量、噪声等级、含尘量等。

4）空调系统的划分与组成。包括系统编号、系统所服务的区域、送风量、设计负荷、空调方式、气流组织等。

5）空调系统的设计运行工况（只有要求自动控制时才有）。

6）风管系统。包括统一规定、风管材料及加工方法、支吊架要求、阀门安装要求、减振做法、保温等。

7）水管系统。包括统一规定、管材、连接方式、支吊架做法、减振做法、保温要求、阀门安装、管道试压、清洗等。

8）设备。包括制冷设备、空调设备、供暖设备、水泵等的安装要求及做法。

9）油漆。包括风管、水管、设备、支吊架等的除锈、油漆要求及做法。

10）调试和试运行方法及步骤。

11）应遵守的施工规范、规定等。

（2）设备与主要材料表

设备与主要材料的型号、数量一般在《设备与主要材料表》中给出。

（3）图纸部分

平面图包括建筑物各层面各空调通风系统的平面图、空调机房平面图、制冷机房平面图等。

1）空调通风系统平面图

空调通风系统平面图主要说明通风空调系统的设备、系统风道、冷热媒管道、凝结水管道的平面布置。它的内容主要包括：

①风管系统；②水管系统；③空气处理设备；④尺寸标注。

此外，对于引用标准图集的图纸，还应注明所用的通用图、标准图索引号。对于恒温恒湿房间，应注明房间各参数的基准值和精度要求。

2）空调机房平面图

空调机房平面图一般包括以下内容：

① 空气处理设备。注明按标准图集或产品样本要求所采用的空调器组合段代号，空调箱内风机、加热器、表冷器、加湿器等设备的型号、数量，以及该设备的定位尺寸。

② 风管系统。用双线表示，包括与空调箱相连接的送风管、回风管、新风管。

③ 水管系统。用单线表示，包括与空调箱相连接的冷、热媒管道及凝结水管道。

④ 尺寸标注包括各管道、设备、部件的尺寸大小、定位尺寸。其他的还有消声设备、柔性短管、防火阀、调节阀门的位置尺寸。

3）冷冻机房平面图。冷冻机房与空调机房是两个不同的概念，冷冻机房内的主要设备为空调机房内的主要设备——空调箱提供冷媒或热媒。也就是说，与空调箱相连接的冷、热媒管道内的液体来自于冷冻机房，而且最终又回到冷冻机房。因此，冷冻机房平面图的内容主要有制冷机组的型号与台数、冷冻水泵和冷凝水泵的型号与台数、冷（热）媒管道的布置以及各设备、管道和管道上的配件（如过滤器、阀门等）的尺寸大小和定位尺寸。

4）剖面图

剖面图总是与平面图相对应的，用来说明平面图上无法表明的情况。因此，与平面图相对应的空调通风施工图中剖面图主要有空调通风系统剖面图、空调通风机房剖面图和冷冻机房剖面图等。至于剖面和位置，在平面图上都有说明。剖面图上的内容与平面图上的内容是一致的。

5）系统图（轴测图）

系统轴测图采用的是三维坐标。它的作用是从总体上表明所讨论的系统构成情况及各种尺寸、型号和数量等。具体地说，系统图上包括该系统中设备、配件的型号、尺寸、定位尺寸、数量以及连接于各设备之间的管道在空间的曲折、交叉、走向和尺寸、定位尺寸等。系统图上还应注明该系统的编号。系统图可以用单线绘制，也可以用双线绘制。

6）原理图

原理图一般为空调原理图，它主要包括以下内容：系统的原理和流程；空调房间的设计参数、冷热源、空气处理和输送方式；控制系统之间的相互关系；系统中的管道、设备、仪表、部件；整个系统控制点与测点间的联系；控制方案及控制点参数；用图例表示的仪表、控制元件型号等。

7）详图

空调通风工程图所需要的详图较多。总的来说，有设备、管道的安装详图，设备、管道的加工详图，设备、部件的结构详图等。部分详图有标准图可供选用。

详图就是对图纸主题的详细阐述，而这些是在其他图纸中无法表达但却又必须表达清楚的内容。

以上是空调通风工程施工图的主要组成部分。可以说，通过这几类图纸就可以完整、正确地表述出空调通风工程的设计者的意图，施工人员根据这些图纸也就可以进行施工、安装了。

（4）注意事项

在阅读这些图纸时，还需注意以下几点：

1）空调通风平、剖面图中的建筑与相应的建筑平、剖面图是一致的，空调通风平面图是在本层天棚以下按俯视图绘制的。

2）空调通风平、剖面图中的建筑轮廓线只是与空调通风系统有关的部分（包括有关的门、窗、梁、柱、平台等建筑构配件的轮廓线），同时还有各定位轴线编号、间距以及房间名称。

3）空调通风系统的平、剖面图和系统图可以按建筑分层绘制，或按系统分系统绘制，必要时对同一系统可以分段进行绘制。

（5）通风系统施工图的特点

1）空调通风施工图的图例

空调通风施工图上的图形不能反映实物的具体形象与结构，它采用了国家规定的统一的图例符号来表示（如前一节所述），这是空调通风施工图的一个特点，也是对阅读者的一个要求：阅读前，应首先了解并掌握与图纸有关的图例符号所代表的含义。

2）风、水系统环路的独立性

在空调通风施工图中，风管系统与水管系统（包括冷冻水、冷却水系统）按照它们的实际情况出现在同一张平、剖面图中，但是在实际运行中，风系统与水系统具有相对独立性。因此，在阅读施工图时，首先将风系统与水系统分开阅读，然后再综合起来。

3）风、水系统环路的完整性

空调通风系统，无论是水管系统还是风管系统，都可以称之为环路，这就说明风、水管系统总是有一定来源，并按一定方向，通过干管、支管，最后与具体设备相接，多数情况下又将回到它们的来源处，形成一个完整的系统。系统形成了一个循环往复的完整的环路。我们可以从冷水机组开始阅读，也可以从空调设备处开始，直至经过完整的环路又回到起点。

对于风管系统，可以从空调箱处开始阅读，逆风流动方向看到新风口，顺风流动方向看到房间，再至回风干管、空调箱，再看回风干管到排风管、排风门这一支路。也可以从房间处看起，研究风的来源与去向。

4）空调通风系统的复杂性

空调通风系统中的主要设备，如冷水机组、空调箱等，其安装位置由土建决定，这使得风管系统与水管系统在空间的走向往往是纵横交错，在平面图上很难表示清楚，因此，空调通风系统的施工图中除了大量的平面图、立面图外，还包括许多剖面图与系统图，它们对读懂图纸有重要帮助。

5）与土建施工的密切性

空调通风系统中的设备、风管、水管及许多配件的安装都需要土建的建筑结构来容纳与支撑，因此，在阅读空调通风施工图时，要查看有关图纸，密切与土建配合，并及时对土建施工提出要求。

 10. 怎样读识空调通风施工图？

答：（1）空调通风施工图的识图基础

需要特别强调并掌握以下几点：

1）空调调节的基本原理与空调系统的基本理论

这些是识图的理论基础，没有这些基本知识，即使有很高的识图能力，也无法读懂空调通风施工图的内容。因为空调通风施工图是专业性图纸，没有专业知识作为铺垫就不可能读懂图纸。

2）投影与视图的基本理论

投影与视图的基本理论是任何图纸绘制的基础，也是任何图纸识图的前提。

3）空调通风施工图的基本规定

空调通风施工图的一些基本规定，如线型、图例符号、尺寸标注等，直接反映在图纸上，有时并没有辅助说明，因此掌握这些规定有助于识图过程的顺利完成，不仅帮助我们认识空调通风施工图，而且有助于提高识图的速度。

（2）空调通风施工图识图方法与步骤

1）阅读图纸目录

根据图纸目录了解该工程图纸的概况，包括图纸张数、图幅大小及名称、编号等信息。

2）阅读施工说明

根据施工说明了解该工程概况，包括空调系统的形式、划分及主要设备布置等信息。在这基础上，确定哪些图纸代表着该工程的特点、属于工程中的重要部分，图纸的阅读就从这些重要图纸开始。

3）阅读有代表性的图纸

在第二步中确定了代表该工程特点的图纸，现在就根据图纸目录，确定这些图纸的编号，并找出这些图纸进行阅读。在空调通风施工图中，有代表性的图纸基本上都是反映空调系统布置、空调机房布置、冷冻机房布置的平面图，因此，空调通风施工图的阅读基本上是从平面图开始的，先是总平面图，然后是其他的平面图。

4）阅读辅助性图纸

对于平面图上没有表达清楚的地方，就要根据平面图上的提示（如剖面位置）和图纸目录找出该平面图的辅助图纸进行阅读，包括立面图、侧立面图、剖面图等。对于整个系统可参考系统图。

5）阅读其他内容

在读懂整个空调通风系统的前提下，再进一步阅读施工说明与设备及主要材料表，了解空调通风系统的详细安装情况，同时参考加工、安装详图，从而完全掌握图纸的全部内容。

11. 空调制冷施工图的表示方法、包括的内容、识读方法各是什么？

答：（1）表示方法

空调制冷系统施工图的线型、图例、图样画法与通风空调施工图类似。

（2）内容

在工程设计中，空调制冷系统施工图包括目录、选用图集目录、设计施工说明、图例、设备及主要材料表、总图、工艺图、系统图、平面图、剖面图和详图等。

（3）识读方法

1）先区分主要设备、附属设备、管路和阀门、仪器仪表等，然后分项阅读。

分项阅读的顺序为：主要设备、附属设备、各设备之间连接的管路和阀门、仪器仪表。

2）分系统阅读，主要系统图制冷服务系统图。

12. 电气施工图有哪些特点？怎样读识建筑电气工程施工图？

答：（1）建筑电气工程图的特点

建筑电气工程图具有不同于机械图、建筑图的特点，掌握建筑电气工程图的特点，对阅读建筑电气工程图将会提供很多方便。它们的主要特点是：

1）建筑电气工程图大多是采用统一的图形符号并加注文字符号绘制出来的。绘制和阅读建筑电气工程图，首先就必须明确和熟悉这些图形符号所体表的内容和含义，以及它们之间的相互关系。

2）建筑电气工程中的各个回路是由电源、用电设备、导线和开关控制设备组成。要真正理解图纸，还应该了解设备的基本结构、工作原理、工作程序、主要性能和用途等。

3）电路中的电气设备、元件等，彼此之间都是通过导线将其连接起来构成一个整体的。在阅读过程中要将各有关的图纸联系起来，对照阅读。一般而言，应通过系统图，电路图找联系；通过布置图，接线图找位置；交错阅读，这样读图效率可以提高。

4）建筑电气工程施工往往与主体工程及其他安装工程施工相互配合进行，如暗敷线路、电气设备基础及各种电气预埋件与土建工程密切相关。因此，阅读建筑电气工程图时应与有关的土建工程图、管道工程图等对应起来阅读。

5）阅读电气工程图的主要目的是用来编制工程预算和编制施工方案，指导施工、指导设备的维修和管理。在电气工程图中安装、使用、维修等方面的技术要求一般反映，仅在说明栏内作一说明"参照××规范"，所以，我们在读图时，应熟悉有关规程、规范的要求，才能真正读懂图纸。

（2）电气施工图的识读

一套建筑电气工程图所包括的内容比较多，图纸往往有很多张。一般应按以下顺序依次阅读和作必要的相互对照阅读。

1）看标题栏及图纸目录。了解工程名称、项目内容、设计日期及图纸数量和内容等。

2）看总说明。了解工程总体概况及设计依据，了解图纸中未能表达清楚的各有关事项。如供电电源的来源、电压等级、线路敷设方法、设备安装高度及安装方式、补充使用的非国标图形符号、施工时应注意的事项等。有些分项局部问题是在各分项工程的图纸上说明的，看分项工程图纸时，也要先看设计说明。

3）看系统图。各分项工程的图纸中都包含有系统图。如变配电工程的供电系统图、电力工程的电力系统图、照明工程的照明系统图以及电缆电视系统图等。看系统图的目的是了解系统的基本组成，主要电气设备、元件等连接关系及它们的规格、型号、参数等，掌握该系统的基本概况。

4）看平面布置图。平面布置图是建筑电气工程图纸中的重要图纸之一，如变配电所电气设备安装平面图、电力平面图、照明平面图、防雷、接地平面图等，都是用来表示设备安装位置、线路敷设方法及所用导线型号、规格、数量、管径大小的。在通过阅读系统图，了解了系统组成概况之后，就可依据平面图编制工程预算和施工方案，具体组织施工了。所以对平面图必须熟读。对于施工经验还不太丰富的同志，有必要在阅读平面图时，选择阅读相应的内容的安装大样图。

5）看电路图和接线图。了解各系统中用电设备的电气自动控制原理，用来指导设备的安装和控制系统的调试工作。因电路图多是采用功能局法绘制的，看图时应依据功能关系从上至上或从左至右一个回路、一个回路的阅读。若能熟悉电路中各电器的性能和特点，对读懂图纸将是一个极大的帮助。在进行控制系统的配线和调校工作中，还可配合阅读接线图和端子图进行。

6）看安装大样图。安装大样图是按照机械制图方法绘制的用来详细表示设备安装方法的图纸，也是用来指导安装施工和编制工程材料计划的重要依据图纸。特别是对于初学安装的同志更显重要，甚至可以说是不可缺少的。安装大样图多是采用全国通用电气装置标准图集。

7）看设备材料表。设备材料表给我们提供了该工程使用的设备、材料的型号、规格和数量，是我们编制购置主要设备、材料计划的重要依据之一。阅读图纸的顺序没有统一的规定，可以根据需要，自己灵活掌握，并应有所侧重。有时一张图纸可反复阅读多遍。为更好地利用图纸指导施工，使之安装质量符合要求，阅读图纸时，还应配合阅读有关施工及验收规范、质量检验评定标准以及全国通用电气装置标准图集，以详细了解安装技术要求及具体安装方法等。

第五节　对不符合工程建设标准的施工作业提出改进措施

1. 怎样判定施工作业与相关工程建设标准规定的符合程度？

答：（1）核查施工技术交底中涉及国家和省市工程建设标准

部分的内容，并与国家相关工程建设标准规定的复核程度进行比较，技术交底中执行技术标准的要求高于工程建设标准要求属于合格，低于国家、省市有关工程建设标准要求的为不合格，应在实施前予以改正。

（2）分析工程中世纪国家强制性标准的工程内容，检查设计和施工作业中是否很好贯彻了国家强制性标准的精神要求。

（3）核查材料及构配件进场检验资料、工程验收资料、隐蔽工程用验收资料，并与国家标准和设计文件规定的要求相比较，达到或超过国标规定的合格标准以上要求的视为通过，反之为不能通过。

（4）检查工程技术人员对工程施工作业的内容涉及国家标准的内容的抽查和考核，不合格者应对其进行培训和补课，尽可能把可能产生的失误和质量事故杜绝在作业开始之前或过程中。

（5）根据国家和省市标准的要求，对已完作业内容进行经常性的检查验收，查找不足，纠正错误，防患于未然。

2. 交付竣工验收的建筑工程，必须符合规定的建筑工程质量标准，并具备国家规定的竣工条件有哪些？

答：主要包括以下几点：

（1）完成工程设计和合同中规定的各项工作内容，达到国家规定的竣工条件；

（2）工程质量符合国家安全规定的标准，如符合房屋土建工程验收标准、安装工程验收标准等；

（3）符合工程建筑设计和工程建设合同约定的内容；有完整的并经有关部门审核的工程建设技术数据及档案图纸材料；

（4）有建筑材料、设备、购配件的质量合格证件资料和试验检验报告；

（5）有勘察、设计、施工、工程监理等单位分别签署的质量合格或优良等；

（6）有工程施工单位签署的工程质量保修书；

（7）已办理工程竣工交付使用的有关手续。

3. 怎样依据相关工程建设标准对施工作业提出改进措施？

答：（1）根据对施工作业执行工程建设相关标准情况的检查和抽查，对发现的不执行或打折后执行国家、省市有关工程建设标准的情况，依据企业制度进行管理，包括纠正、停工整改、返工、对造成严重后果的责任人和施工承包组织进行处罚。

（2）对班组负责人掌握工程建设标准不达标的应及时组织起来进行必要的培训，对技术交底不符合要求或技术交底没有进行的承包队和作业班组，应停工整动，补作施工交底，并重点强调工程建设标准的内容和执行过程中的细节要求。

（3）对班组作业过程中违反国家标准的作业行为和结果，必须进行必要的处罚和返工，如违反安全生产相关标准的作业行为，应依据企业制度的相关标准进行处罚，对于施工质量达不到国家规范和设计图纸要求的内容，坚决进行返工和整改，对造成的经济损失由相应班组或作业人员承担。

（4）对班组作业人员执行国家、省市相关工程建设标准的自觉性和整体素质进行评价，奖优罚劣，奖励和表彰素质高、技能强、产品质量高的班组。

第六节　施工作业过程中工程建设标准实施的信息处理

1. 怎样处理工程材料进场检验和试验过程中相关标准实施的信息？

答：（1）根据进场材料的种类和特性，找出相应工程材料进场验收和质量检验所涉及的国家、省市标准及企业的管理制度，作为检查评判相关标准实施的基础资料。

（2）对现场管理人员和材料员等执行国家、省市有关材料进场检验和性能试验相关标准和规程的执行情况从程序、环节、有关表格填写、相关人员签字、交接手续办理等方面依规进行细致检查，杜绝漏洞，减少不必要的损失。

（3）对进场散装材料、包装材料和可以集中码放的材料，尤其要检查量方、点数、堆放数量的核查，检查是否存在重大缺陷和漏洞，检查大宗贵重材料的存放、堆放位置、方式是否利于材料的防雨、防潮、防火等；对于高危险性材料的存放是否按照施工组织设计要求做到了分区存放，是否做到防火、防振、防爆，消防灭火设施是否齐全，消防通道是否畅通，危险源是否远离居民区、民工宿舍和重要建筑物、构筑物等。

（4）检查项目部相关人员对工程材料质量性能检验的相关程序和资料，查看执行国家和省市有关规定的具体情况，对材料交接和验收中不执行或打折扣有关标准的人依据企业制度进行必要的经济处罚，并限期改正。

2. 怎样处理设备进场检验过程中相关标准实施的信息？

答：（1）根据进场设备的种类和特性，找出相应设备进场验收和质量检验所涉及的国家、省市标准及企业的管理制度，作为检查评判相关标准实施的基础资料。

（2）对现场管理人员和材料与设备员等执行国家、省市有关材料进场检验和性能试验相关标准和规程的执行情况从程序、环节、有关表格填写、相关人员签字、交接手续办理等方面依规进行细致检查，杜绝漏洞，减少不必要的损失。

（3）对进场的大宗设备，如水暖卫生设备、专业性较强的机电设备（如电梯、配电室内的器材和设备）、消防灭火系统设备的进场验收和检验，除材料与设备保管员外，还应邀请企业相关专业技术人员和项目专业施工员、质检员等一起进行检查验收，充分发挥群体优势和多方面专业人员的才智，把不符合国家标准的设备和器材杜绝在工程实体之外，以确保施工质量达到国家标准和设计图纸的要求。

（4）检查项目部相关人员对工程设备器材质量性能检验的相

关程序和资料，查看执行国家和省市有关规定的具体情况，对设备交接和验收中不执行或打折扣执行工程建设标准要求的人依据企业制度进行必要的经济处罚，并限期改正。

3. 怎样管理施工作业过程中相关工程建设标准实施的信息？

答：工程施工过程是漫长的，工程施工作业活动中处处涉及国家和省市相关标准的管束和制约，工程施工作业的活动千头万绪，涉及的责任主体非常多，所以，施工作业中标准的实施信息就非常繁杂，任务重、压力大。施工作业过程中相关工程建设标准实施的信息管理也就应当抓住重点、带动全局，即抓主要矛盾和矛盾的主要方面。

（1）建立标准执行检查设施的信息管理机构，配备满足工程标准检查管理要求的专门小组，由专人负责，并直接归属于项目经理和项目技术负责人领导。

（2）将施工作业按分部、分项工程进行分类，将标准执行的情况和任务随工程任务逐级分解分配给相应的施工班组，以施工班组为检查和管理单元，做到标准执行信息管理依托施工班组，深入施工班组，指导和监督施工班组。

（3）根据工程进度，依据施工顺序按分部、分项工程逐一建立标准实施信息网络；由专职人员收集、汇总和处理相关信息，并按组织分工和工作需要将信息逐级传送和上报，以便于标准执行信息能有效地为施工生产和项目管理服务。

（4）对日常作业中执行国标、省（市）标的情况进行检查，发现问题及时指正，并作为重要工程信息进行记载，为后续项目管理提供第一手资料，并起到前车之鉴、后事之师的作用，为后续作业和后续工程施工作业积累经验。

（5）对执行工程建设标准不到位，涉及工程安全、质量、工期的重要信息要依据企业制度作出分析判断和预警，为项目管理班子进一步决策和执行起到可靠的参谋和智囊作用。

4. 怎样处理工程质量检查、验收过程中相关工程建设标准实施的信息？

答：（1）根据工程质量检查、验收的具体内容，梳理所需的工程建设标准，找出其中国家强制性标准的全部内容，作为对照检查相关工程建设标准实施信息的基础和判据。

（2）根据工程质量检查、验收所划分的检验批、分部、分项工程，对其中质量检查、验收环节的资料进行认真审阅，依据国家标准要求进行核对，并将执行国家标准的真实情况记录在案。

（3）对其中较好执行国标的情况、正常执行国标的情况和执行国标不到位的情况分类列表造册，必要时可根据企业考核管理制度进行量化管理。

（4）对信息管理中发现的重大工程质量隐患要及时向项目班子主要负责人报告，并会同施工、质量、安全等管理人员提出补救和应对措施。

（5）对工程质量检查、验收的程序性、环节和手段的有效合理性进行跟踪检查，找出其中不合标准的部分，为后续工序质量检查、验收提供必要的借鉴。

（6）熟悉工程质量检查、验收的规定，如隐蔽工程质量检查、验收的规定，特种专业工程质量检查、验收的规定，并以此为标准做好标准执行情况的信息管理工作。因此，要求标准员必须具备施工质量管理等多方面的专业知识和素养，以便更好地应对复杂标准执行情况的信息管理工作。

第七节　根据质量、安全事故原因，参与分析标准执行中的问题

1. 怎样根据工程情况和施工条件提出质量、安全的保障措施？

答：工程项目区别于工业产品的主要特点是其具有单件性，

虽然建筑、结构、水电暖卫安装工程具有相同或相似性，但地处位置的变化，会引起地质水文条件、周边环境的明显差异。各个工程的具体情况和施工条件千差万别，影响施工质量和安全的因素也是多种多样，虽然各自具有明显的不同，但仍然有共同点可寻。

（1）分析和掌握工程实际情况和施工条件。弄清楚工程规模、设计标准、质量等级、工期、适用标准、设计单位、施工分包单位、设备和主要材料供应商、监理单位和建设单位项目班子的基本情况，为提出若干施工质量、安全措施奠定基础。

（2）弄清楚工程项目的特点和特殊功能要求，尤其是所采用的新工艺、新材料、新设备、新技术等，弄清楚工程施工涉及的常用标准和特殊标准，并逐一找出工程项目施工中的质量通病、质量事故、安全风险源和事故安全隐患。

（3）与项目班子中的质量员、安全员协作，分析项目施工过程中各工序各工艺活动、各分部分项工程中可能出现的质量问题、安全事故等的风险和隐患并逐一列表分类归纳和统计。

（4）与项目班子中的质量员、安全员协作，结合对国标和省（市）及行业标准执行情况的检查落实，通过制定质量风险、安全事故防范措施在面上做到预防为主、安全第一，质量责任重于一切的教育，从观念和意识上对施工管理和施工作业人员进行了很好的警示。

（5）严格落实生产质量、安全责任制，根据企业和项目管理体制，建立适合项目生产的质量、安全管理管理协调机构，制定各项制度，如项目质量、安全技术交底制度、作业现场抽查巡查制度、质量与安全施工验收制度、经济奖罚制度等，将质量、安全始终置于施工生产作业的第一位，用严格的制度管理和执行确保施工质量和安全生产责任的落实。

（6）对于高危作业人员和新技术、新材料、新设备、新工艺等的作业人员，对于容易出现质量和安全事故的分部分项工程和工序活动要严格管理，必要时需要对施工作业人员进行有针对性的培训并考核，不允许考核不合格的人员上岗，通过这样的措施确保施工作业人员整体素质的提高，避免和防范重大质量、安全责任事故的发生。

（7）在提出质量、安全保障措施时，应根据工程项目的内在条件、周围环境、施工组织的实力和综合能力通盘考虑，辩证分析，认真研判，切记使措施具有针对性、合理性、经济性和科学性。

2. 怎样根据质量、安全事故，分析相关工程建设标准执行中存在的问题？

答：（1）分析和掌握工程实际情况和施工条件。弄清楚工程规模、设计标准、质量等级、工期、适用标准、设计单位、施工分包单位、设备和主要材料供应商、监理单位和建设单位项目班子的基本情况，为提出若干施工质量、安全措施奠定基础。

（2）弄清楚工程项目的特点和特殊功能要求，尤其是所采用的新工艺、新材料、新设备、新技术等，弄清楚工程施工涉及的常用标准和特殊标准，并逐一找出工程项目施工中的质量通病、质量事故、安全风险源和事故安全隐患。

（3）依据国家标准、省市或行业标准、企业自身标准，对质量事故进行分类和定性。

（4）根据具体事故情况，逐一分析事故的起因、事故的后果、事故的损失大小、事故责任、事故的教训等。

（5）针对具体事故，查找事故发生时施工过程中所涉及的工程建设标准的执行情况，找出漏洞，特别是引发事故的根本性原因，并对标准执行情况进行评价，找出缺陷和不足。若属于责任事故还要按照标准和制度要求对相关责任人进行问责和处罚。

（6）根据查找出的问题，分析总结事故的产生规律，对事故损失采取减少和降低措施，从中汲取教训，制定科学、有效、合理、可行的执行措施，防范和杜绝同类事故和其他事故的发生。

第八节　记录和分析工程建设标准实施情况

1. 怎样记录工程建设标准执行情况？

答：（1）划分工程建设的不同阶段，分别梳理出所涉及的标准尤其是强制性标准条文。

（2）针对工程项目不同建设阶段的工作任务和所适用的规范和标准内容，对该阶段工作内容和标准及规范执行情况进行比对，首先检查所采用规范种类的完整性，其次文本准确性，还有对具体技术措施采用和执行的准确性和合理性。

（3）检查工程建设各阶段所执行标准的连贯性和统一性，如设计阶段和施工阶段各自采用规范应该是同一时期颁布的，而不应是设计规范为 2010 系列规范，而施工验收规范沿用 2000 系列规范。

（4）检查规范执行的情况，并根据规范化的表格格式填写，并附文字说明和数据统计资料，作为上报管理者、留档备查、改进后续工作和过程资料验收的依据。

2. 怎样分析工程项目施工阶段执行工程建设标准的情况，找出存在的问题？

答：工程项目施工阶段工作头绪繁多，所需要执行的标准种类众多，由于施工企业自身的素质和管理者的认知水平，在事关工程建设标准使用和执行的问题上会有许多不同的态度和指导思想，因此就会出现在执行工程建设标准时的参差不齐、良莠混杂的情况。

（1）认真审阅各专业的施工图设计，掌握施工图设计中所采用的国家标准。

（2）用施工图设计中使用的规范和标准去衡量对照施工中所执行的规范和标准，从中找出二者之间的差异，对施工中没有很好执行设计图纸中规定标准的问题及时提出，切实加以整改。

（3）对质量员、材料员、施工员、安全员等项目管理机构中的各主要岗位人员进行所从事专业和工作的测试。测试其对常用规范标准和规程的掌握、理解和了解的情况，并对具体工作中执行国家标准的能力和素养进行测试，发现专业人员对规范标准掌握和执行中的问题，要及时对他们进行培训提高。

（4）对工程资料特别是隐蔽工程验收资料进行认真审核，查找其中执行相关标准过程中存在的问题和漏洞，对尚未完工或尚未开工的作业内容应责令其立即整改，对不符合新标准要求但已封闭且经核算不影响工程结构使用安全的可准许通过，对经复核不合格的应予以拆除返工。

（5）依据工程施工实际情况，对国家规范强制性条文的执行情况逐一进行比对分析，查找落实情况。发现问题及时书面存档并按管理职能分工和工作流程上报解决。

第九节　对工程建设标准实施情况进行评价

1. 怎样评价现行标准对建设工程的覆盖情况？

答：一个时期国家所颁布的工程建设标准具有系统性、全面性和先进性，如各专业、各门类的设计规范颁布后，不久就会有配套的施工验收规范颁布执行，以指导施工过程很好地贯彻执行设计规范，达到设计和施工在技术标准的应用上的无缝衔接；一个时期新规范基本反映了国家在该专业领域的最具权威性的新成果，具有指导性，也是工程建设必须达到的最低标准要求。要准确评价工程建设项目使用和执行现行国家标准的情况，就必须从项目规划构思阶段开始，延续到设计阶段、施工图审查和施工准备阶段、施工阶段，逐项检查现行标准的执行情况；从中可以得到建设项目执行现行国家标准的具体情况。对没有执行现行国家标准或者执行过时旧标准的情况应找出原因，提出整改措施。

2. 怎样评价标准的适用性和可操作性？

答：国家和省市工程建设标准具有特定的阶段性和适用范围的局限性，如 2000 系列规范在现阶段使用就具有时间上的落后性，如水利工程建设的标准用于服务工程建设就具有使用对象的不准确性。因此，在核查评价标准的适用性和可操作性时，一要看专业门类，二要看规范标准的颁布时间，三是看在工程建设中使用的适应性，四是分析评价标准应用时的可操作性。只有以上各方面都符合的标准，对工程建设项目才具有适用性和可操作性。

3. 怎样评价标准实施的经济、社会、环境等效果？

答：国家标准给出的技术要求实际上是该技术问题处理的最低限度要求，对于同一问题，不同规范标准可能出发点不同，要求也会各异，使用不同的规范可能产生的经济、社会、环境效果会有明显的差异。根据工程项目的具体情况和特征，选用现行新规范、新标准产生的效果可能是在某些方面最好，而在另一方面却可能存在欠缺，这是必然的和毫无疑义的。一个标准的实施也许在经济性能上最佳，而可能在社会效益和环境效益上不尽如人意；而另一个标准的实施可能产生的经济效益不错、社会效益尚可，但是环境效益不良；凡此种种，在评价时可以针对具体工程建设项目情况和使用标准规范的情况，采用不同的评价手段和工具，逐一对项目所采用的标准的具体情况进行分析评价，而不能一概而论。

第十节　收集、整理、分析对工程建设标准的意见，并提出建议

1. 怎样做到及时传达标准制修订信息，收集反馈相关意见？

答：工程项目建设标准分为国家标准、行业标准、省市地方

标准、企业标准等不同种类和层次，国标、行业标准和省标会随着经济社会发展和科技进步稳步修改完善，并将成熟的新技术、新工艺、新产品、新方法吸纳进新规范和标准中去。规范中许多措施和方法有的来不及经过大量的工程实例验证，有待在施工生产实践中不断进行验证、补充、修改和完善，这就需要各有关施工企业在施工生产活动中认真总结经验教训、对规范规定中不够完善和有欠缺的地方在实践中摸索经验，不断加以完善提高，力争在下一版规范和标准的修订中被吸纳。这就要求企业和项目组织在施工生产管理活动中，有意识有目标的不断发现现行标准中存在的不适应不合理的问题，并提出经论证后可行的合理化修改意见，在国家有关部门组织修改有关规范时，按规定的途径和渠道提供给规范和标准的制定者。对企业标准也需要项目组织在执行中发现问题，总结经验和不足，提出改进意见，助推企业标准不断完善，力争上升为地方标准或行业标准，在更大范围和领域内发挥指导作用。

2. 怎样根据收集、整理标准实施过程中存在的问题，提出对相关标准的改进意见？

答：不论是国家标准、行业标准、省市地方标准还是企业标准，都有其明显的阶段性和局限特征，阶段性是指受科研深度和经济发展阶段的影响，对一些尖端问题和工程实践中遇到的新问题暂时还没很好的处理方法，甚至对实践中的一些新问题还未收入规范。局限性是指国标及其他标准在问题解决思路和方法上不可能做到尽善尽美，列入标准的内容未必就能涵盖工程建设的全部领域，所以其可能存在着很大的局限性。有些情况下标准或规范也可能存在一定的错谬之处，也有些情况下标准可能对解决实际工程施工中遇到的问题具有明显的不适应性。为此，工程技术人员和管理人员，在执行和实施标准的过程中，要认真研究分析和总结若干涉及规范和标准的内容，在对照研究的基础上，找出标准的漏洞，通过充分的论证和分析，在得到可行结论的基础上，将发现问题的解决思路逐一汇总列表，并将分析和论证的详实资料包括文字资料和附图一并以企业或个人名义报送标准编制单位，以便在下次修改时被采纳。

第十一节　使用工程建设标准实施信息系统

1. 利用专业软件录入、输出、汇编施工信息资料注意事项有哪些？

答：（1）信息的输入

输入方法除手动输入外，能否用 Excel 等工具批量导入，能否采用条形码扫描输入；信息输入格式；继承性，减少输入量。

（2）标准的信息输出

输出设备对常用打印设备兼容；能否用 Excel 等工具批量导出，供其他系统分析使用；信息输出版式。根据用户需要可否自行定制输出版式。

（3）标准的信息汇编

根据需要可对各类工程建设标准的信息进行汇总统计；不同数据的关联性，源头数据变化，与之对应的其他数据都应自动更新。

2. 怎样利用专业软件加工处理工程建设标准信息资料？

答：利用专业软件加工处理工程建设标准的信息资料的主要内容如下：

（1）新建工程施工采用标准的管理

选择工程采用标准的管理软件，新建工程所有关于此工程的表格都会存放在此工程下面。点击［新建工程］，根据工程概况输入工程名称（××××工程资料表格），确定后进入表格编制窗口。确定之后进入工程建设标准编制区软件显示接口。

1）表格选择区

《建筑工程标准管理规程》中所有表格都在表格选择区中，

标准类别包括：项目前期标准、项目设计阶段标准、施工准备阶段标准、监理标准、施工标准、竣工标准、档案封面和目录。

2）标准功能选择区

在标准功能选择区中，根据需要，可以从相应目录下查找所需的标准，也可从有关强制性条文中进行搜索。操作者根据各功能提示信息，完成相关工作。

（2）施工现场物资采购和使用等方面管理中使用的标准

根据工程规模、进度计划、物资计划，制定物资采购计划，进行物资使用情况记载，依据相关标准、规程、规范采用专业软件进行研判，利用专业软件进行如下工作：

1）在制定物资采购计划时，对报批的物资采购计划进行分析论证；

2）依据相关管理规定和标准，对物资领用流程进行审查，对物资保管情况进行审核；

3）对按库存情况及工程需要物资，微调物资采购计划的合理性和规范性依据制度和标准进行审核；

4）对定期分析所得数据和库存的积压依据相关制度和标准进行审核；

5）对根据工程资料报备的需要打印输出的相关数据依据标准和规定进行审核。

3. 怎样应用国家及地方工程建设标准化信息网？

答：国家和地方工程建设标准网是国家和地方项目管理和工程建设管理政府主管部门定期发布相关场建设信息的重要平台。国家标准、国家工程建设标准、行业标准等是一个庞大的标准和资料系统，涵盖了国家建设标准所涉及的各个方面，它包含的各类、各专业的规范随着经济社会的发展会不断更新，且具有明显的周期性和系统性，地方政府颁布的地方标准和规章也是随着当地经济社会发展而不断创新进步的。

为了适应社会发展和工程建设新技术、新工艺、新材料、新设备不断涌现和使用的需要，国家和地方政府行业主管部门会不断颁布一些新的标准出来，指导一个时期内的设计、施工、科研和教学工作。作为工程建设项目主体之一的施工企业，有必要及时掌握新标准颁布的动态，有必要充分利用国家和省市及行业工程建设信息网络系统提供的信息，更新自己企业的标准管理的信息平台，以标准信息推广和培训为平台，及时提升企业专业人员和管理人员的素质，提高企业自身的综合素质，以利于在激烈的市场竞争中立于不败之地。

参 考 文 献

[1] 中华人民共和国国家标准. 建筑工程项目管理规范 GB/T 50326—2006 [S]. 北京：中国建筑工业出版社，2006.

[2] 中华人民共和国国家标准. 建筑工程监理规范 GB/T 50319—2000 [S]. 北京：中国建筑工业出版社，2001.

[3] 中华人民共和国国家标准. 建设工程文件归档整理规范 GB 50328—2001 [S]. 北京：中国建筑工业出版社，2002.

[4] 中华人民共和国国家标准. 混凝土结构设计规范 GB 50010—2010 [S]. 北京：中国建筑工业出版社，2010.

[5] 中华人民共和国国家标准. 砌体结构设计规范 GB 50003—2011 [S]. 北京：中国建筑工业出版社，2011.

[6] 中华人民共和国国家标准. 民用建筑设计通则 GB 50352—2005 [S]. 北京：中国建筑工业出版社，2005.

[7] 中华人民共和国国家标准. 住房和城乡建设部人事司.《建筑与市政工程施工现场专业人员考核评价大纲（试行）》[M]. 北京：中国建筑工业出版社，2012.

[8] 王文睿. 手把手教你当好甲方代表 [M]. 北京：中国建筑工业出版社，2013.

[9] 王文睿. 手把手教你当好土建施工员 [M]. 北京：中国建筑工业出版社，2015.

[10] 王文睿. 手把手教你当好土建质量员 [M]. 北京：中国建筑工业出版社，2015.

[11] 刘淑华. 手把手教你当好设备安装施工员 [M]. 北京：中国建筑工业出版社，2015.

[12] 刘淑华. 手把手教你当好设备安装质量员 [M]. 北京：中国建筑工业出版社，2015.

[13] 王文睿. 建设工程项目管理 [M]. 北京：中国建筑工业出版社，2014.

[14]　危道军. 施工员岗位知识与专业技能 [M]. 北京：中国建筑工业出版社，2013.